活出你自己

YOUR LIFE,
YOUR WAY

Acceptance and Commitment
Therapy Skills to Help
Teens Manage Emotions and
Build Resilience

出自己

在不确定
的世界
拥抱变化

[澳]
约瑟夫·V.西阿若奇
Joseph V. Ciarrochi

路易丝·L.海斯
Louise L. Hayes

——
著

王海霞 祝卓宏
——
译

机械工业出版社
CHINA MACHINE PRESS

图书在版编目（CIP）数据

活出你自己：在不确定的世界拥抱变化 /（澳）约瑟夫·V. 西阿若奇（Joseph V. Ciarrochi），（澳）路易丝·L. 海斯（Louise L. Hayes）著；王海霞，祝卓宏译 . -- 北京：机械工业出版社，2022.8（2024.6 重印）

书名原文：Your Life, Your Way: Acceptance and Commitment Therapy Skills to Help Teens Manage Emotions and Build Resilience

ISBN 978-7-111-71120-9

I.①活… II.①约…②路…③王…④祝… III.①成功心理－通俗读物 IV.①B848.4-49

中国版本图书馆 CIP 数据核字（2022）第 114965 号

活出你自己：在不确定的世界拥抱变化

出版发行：机械工业出版社（北京市西城区百万庄大街 22 号 邮政编码：100037）	
责任编辑：李双燕	责任校对：马荣敏
印　刷：北京虎彩文化传播有限公司	版　次：2024 年 6 月第 1 版第 2 次印刷
开　本：170mm×230mm 1/16	印　张：12.5
书　号：ISBN 978-7-111-71120-9	定　价：59.00 元

客服电话：（010）88361066　88379833　68326294　　投稿热线：（010）88379007
华章网站：www.hzbook.com　　　　　　　　　　　　　读者信箱：hzjg@hzbook.com

　　致我的女儿 Grace，她给我带来了灵活与勇气。致我
10 岁的儿子 Vincent，他提醒我去玩耍和想象。致我最好
的朋友 Ann，她的鼓励、支持和爱激励我成为一个坚强、
乐于助人和富有爱心的人。

——约瑟夫·V. 西阿若奇

　　致 Mingma，你带领我们长途跋涉。我很荣幸能沐浴
在你的仁慈之中，看着你播撒善良的种子。谢谢你制造
了这么多充满敬畏和惊奇的时刻，让我在欢笑和泪水中
渐渐成长。感谢我的儿子 Jackson 和 Darcy，你们让我的
生活变得比我想象中要丰富得多。我很幸运，你们已经
长大成人，成了我的朋友。

——路易丝·L. 海斯

致　谢

我们要感谢：

来自奇异鸟（Wonderbird）摄影与设计工作室的 Catherine Adam。感谢你慷慨地分享观点，将如此充满灵感的图书设计作品作为礼物送给我们。

来自 Kat Hall 创意公司的 Katharine Hall。凯特，你的插图让我们的文字生动起来，使我们写给年轻读者的寄语活灵活现。感谢你愿意聆听我们疯狂的想法，并将其转化为一目了然的插图。

我们还要感谢那些激励我们并与我们分享自己过往遭遇的年轻人。我们从你们身上学到了很多东西。

感谢世界各地的同事和朋友们。你们的名字不胜枚举，但对于这本书，我们需要特别感谢 Ben Sedley 的无私分享。感谢新先驱出版公司（New Harbinger）的工作人员。感谢家人和朋友的鼓励、支持，最重要的是，感谢他们的耐心。最后，如果没有史蒂文·海斯（Steven Hayes）、柯克·斯特罗萨尔（Kirk Strosahl）和凯利·威尔逊（Kelly Wilson）1999 年撰写的《接纳承诺疗法》一书，以及国际语境行为科学协会的持续支持与分享，就不会有这本书的问世，我们也要感谢他们。

如何阅读这本书

变化对我们人类而言是严酷的。我们喜欢事物按照我们所想象的那样发展。尽管世事无常，可你依然有一定的发言权。想象一下，你有一个已经相处了五年的好朋友，但后来他背叛了你。你不想要这样猝不及防的意外，你可以抗拒接受事实，假装什么都没有发生。但要是那样，你就把自己暴露在了更多的背叛之中。你也可以选择改变，远离这位朋友，去寻求帮助，抑或直面这位朋友。

在变化中，有些人茁壮成长，与人建立联结并获得成功；另一些人则难以应对，渐渐走向崩溃。这本书将帮助你学习怎样变得强大。它会告诉你如何将变化转化成你最大的力量源泉。借由这本书，你不仅能学会不惧变化，还可以学会拥抱变化，向它大喊："**放马过来吧！**"

有些人从未学会如何应对变化，随着时间的推移，他们变成了可悲的成年人。比如，有些成年人被他们厌恶的工作弄得心力交瘁，有些人沉溺于酒精或赌博，有些人放弃梦想选择了辍学，有些人坐在家里通过没完没了地看电视来缓解自己的孤独感。你可以做到他们无法做到的，你将学会选择属于你自己的路，这条路通往你想要的生活。

这本书关乎你的改变之旅，你会在这段旅程中成为你想成为的人。按照以下几个关键步骤，你将学会以自己的方式创造你的人生：

你的人生，你做主
=
······································
» 随心前行
» 拥抱变化
» 提升灵活力

» 随心前行

要想应对变化和艰难险阻，首先要对自己有所了解：你在乎什么？你看重什么？你必须知道你想成为什么样的人。接下来，你会发现自己未曾发现的内在力量。**你会找到你的激情、活力和动力去克服任何困难。**

也许你会发现，相信自己有时并不是一件容易的事，因为别人会告诉你：什么是你"应该"做的，什么是你"应该"感受到的。别担心，这本书将会帮助你找到答案。你将成为什么样的人，由你的心来决定！

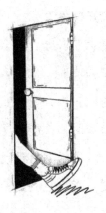

» 拥抱变化

你的人生旅程变化无常。你周围的世界会变，你自己也会变。即使是现在，你也处在变化之中。你的身体充满了电流，信号在你的大脑、心脏、肺和肌肉之间传递，此刻这一切正在你的身体里发生。"想象一只戴着牛仔帽的紫色章鱼"——当你阅读这些文字时，神经元就在你的大脑中传递信息。也许你正在微笑，当你微笑时，电流就会在你体内的细胞之间传递。

让我们来做一个快速的练习，看看改变自己有多么容易。想象一下你自己：

强壮的样子

虚弱的样子

快走时的样子

休息时的样子

帮助别人时的样子

大笑时的样子

你一直在变化。举重训练的过程可以说明这一点。当你举重时，你会使足全身的力气。一旦停止，你就会变得有些虚弱。如果你从不提举重物，你的肌肉就会逐渐变得无力，以后再想使劲也使不出来了。生活中也有很多类似的情况。当你钻研某个问题时，你会变得更聪明。你的大脑会发生变化，神经元之间会形成新的连接。但如果你完全停止学习，整整一年都沉浸在电视节目中，你就会变得迟钝。要么使用要么失去，这就是用进废退理论。拥抱变化，你会变得更强大。

» 提升灵活力

拥抱变化需要灵活力。灵活力是这样一种能力：它能为你带来价值和活力，使你坚定地走自己的路；当你的行动和价值不相符时，它能帮你调整方向。

举个例子，假如你正在谈恋爱，但总是跟你的恋人吵架。你想挽救这段关系，所以你和你的恋人尝试解决问题。这包括进行艰难的对话，以及分享你最深的渴望和恐惧。可是，假如没有什么能让吵架停止呢？你是否会将艰难的对话进行下去？抑或改变方向，离开这段关系？

灵活力意味着：当亲密关系符合价值方向时，你能够坚定不移地经营它；当亲密关系与价值方向相背离时，你能够坚决果断地离开它。**灵活力将帮助你过自己的生活，走自己的路。你的人生，你做主。**

在这本书中，大家将学到的灵活力技能基于正念、接纳承诺疗法（ACT）和积极心理学的干预方法。我们称这种方法为 DNA-V[这是探索者（discoverer）、观察者（noticer）、建议者（advisor）和价值（values）的首字母缩写]。这一方法是为了帮助你优化自己与生俱来的能力——思考、感受和行动的能力，帮助你专注于重要的事情，并从生活中获得更多你想要的东西。

这本书就是为忙碌的你而设计的

本书的第一部分将为你提供基础指导，旨在帮助你将生活转向你选择的方向。

本书的第二部分将帮助你关注生活中可能遇到的特殊问题。诸如，当你感到焦虑时怎么办？当你情绪低落时怎么办？当你渴望有所成就时怎么办？当你与朋友或霸凌者发生冲突时怎么办？

你可以阅读整本书，即使没有从头读到尾也可以获益。先读第一部分，然后跳到你感兴趣的章节继续阅读。除了第一部分，后面的每一章节都是独立的。

你已经做好了开始的准备。

勇闯人生，
大胆冒险！

目　录 ....

第一部分

培养你的技能

第 1 章 ······

随心前行

> 哈利，决定我们成为什么样子的，不是我们的能力，
> 而是我们的选择。
>
> ——J. K. 罗琳，《哈利·波特与密室》

现在你已经准备踏上这段叫作"人生"的伟大旅程。你想要什么？你希望你的人生朝哪个方向发展？这一章将帮助你找到答案。

还记得你小时候做过的白日梦吗？也许你曾想象自己是一名宇航员，在地球上空飞行，看着在太空中只是一个小蓝点的人类家园。也许你梦想成为名人，住在一幢有着 200 个房间的豪宅里，和你的英国牧羊犬"扎帕"一起在草地上打滚。也许你梦想成为一名伟大的领袖、一名发明家、一名探险家，或者从事其他很棒的职业。

梦想并不是小孩子的专属品。在某种程度上，你的那些白日梦恰恰是你人生的基础。但如果你不能让梦想长存，它们就会逐渐消失。

让我们来聊一聊那些没有梦想的成年人吧。他们的人生最终会停留在一个我们称之为**"僵尸世界"**的地方。那里暗淡无光，没有什么新鲜事发生，人们漫无目的地走在街上，有一项又一项的任务等着他们去完成。偶尔，你会看到人们眼睛里没有了惯常的疲惫，而

是些许希望或激动，因为他们在考虑用两周的休假来逃离"僵尸世界"。你可能会看到他们为一段自己在青春年少时听过的音乐而伤感，因为这会让他们回想起那段激情燃烧的岁月。事情就是这样，"僵尸世界"里的许多人先前从未预料到自己会被困住，他们也没有尝试逃脱。（其实他们可以！）他们害怕离开，就在那里待了下去。

　　你其实可以在另一个地方生活，"僵尸世界"并不是唯一的去处。

僵尸世界

　　你可以去"**活力王国**"。当然，这是一个听起来有点傻气的名字，但至少你知道它比"僵尸世界"要好。"活力王国"里的成年人是梦想家，他们就在我们中间。在"活力王国"里生活并不意味着你得是富豪或名人；事实上，富人们往往都坠入了"僵尸世界"。"活力王国"里的人们爱己所爱，行己所行。有些人写书或写秘密日记；有些人爬山或在当地的公园里散步；有些人在自己的小屋里搞发明或修修补补；有些人编织色彩斑斓的手工艺品来装扮他们的城市，有些人在运动或学习方面非常出色。无论做什么，这些疯狂的家伙都有一个秘诀——按照自己的方式生活。他们学会了提升自己的灵活力，追随自己的梦想行事，停止做那些不能创造价值的事情。他们知道梦想的力量。

活力王国

现在，你也许正在"活力王国"的梦想和"僵尸世界"的噩梦之间徘徊。就像所有人一样，你知道哪条路是通往"僵尸世界"的。有时候，我们都会变成"梦游者"，忘记什么对自己来说是最重要的。本章将教你识别自己是否正在坠入"僵尸世界"，以及怎样前往"活力王国"。

毫无疑问，你可以成为"活力王国"里热情而疯狂的一分子，一个激情四射、干劲十足的人。你可以拯救地球，推进社会发展，创造美好的事物，在体育或音乐上有所成就，让他人微笑，或者成为地球上最棒的冲浪板制造商。**按照自己的方式生活吧，你的人生，你做主。**

» 选择关注

你想按照什么样的方式生活？ 回答了这个问题，你就迈出了通往"活力王国"的第一步。你的人生之路是独一无二的。

通往"僵尸世界"的路径大同小异。在这些路上行走的人往往会因为内心过于恐惧而不敢做梦，会被一个个"不"字束缚手脚。也就是说，他会害怕得看别人的脸色做事，不敢让别人不高兴，不愿感到内疚和害怕、尴尬和失望。然而事实是，我们无法用"不"来创建充满活力的人生。

要想摆脱"不"，就要学会说"是"。当你说"是的，我选择关注一些事情"时，你就会离开通往"僵尸世界"的道路。**是的，我将全身心地投入其中。**

» 打开心扉

请思考以下问题（你也可以跟自己信任的人一起讨论这些问题）。

1. 假如你可以无忧无虑地生活，你会做什么？

2. 假如你得到了一把神秘钥匙，打开了通往美好生活的大门，你会去做些什么？

　　√ 投入工作或学习？

　　√ 改善人际关系？

　　√ 迎接新的机遇？

3. 现在，如果你能把明天当作美好的一天来度过，你会做些什么？

如果你思考了上述问题，你就已经迈出了通往"活力王国"的第一步。你做得很棒。如果没有，你猜怎么着？继续阅读吧，你依然走在自我探索的路上。不积跬步，无以至千里。

» 通往幸福生活的 6 种方法

一般来说，有 6 种方法可以使你精力充沛、生活幸福。它们有益于你增强活力、明确价值（也就是 DNA-V 中的 V）。翻过这一页，看看书中是否有你想在未来几周去尝试的活动。只要你想拓展自己的价值，即使读完了这本书，你也可以再重温这 6 种通往幸福生活的方法。

1. 惠利他人

你可能很难相信"惠利他人"会提升你的幸福感，但事实确实如此。想想你为他人做过的事情，比如感谢他人，称赞他人，帮助他人解决问题；或者你只是通过倾听或接纳他人的方式，就在不经意间送给了对方一份礼物。惠利他人的方式还包括照料小动物和维护环境。

还有什么可以惠利他人的方法吗？请写下来。

_____

_____

_____

_____

_____

_____

2. 活动身体

这包括锻炼和体育运动，如跑步、骑自行车、举重、打网球或跳舞。它还包括更舒缓的身体活动和运动，如散步或做伸展运动。回想一下那些你享受其中或觉得很有意义的运动时刻。

还有什么可以活动身体的方法吗？请写下来。

_____

_____

_____

_____

_____

_____

3. 拥抱当下

回想一下你打开感官（触觉、味觉、视觉、听觉和嗅觉）集中注意力的时刻。也许你在留意大自然中的某个东西，品尝美食，聆听音乐，或者用心对待一位朋友。好好想想你是怎样以开放和好奇的心态去关注某事或某人的。

还有什么可以拥抱当下的方法吗？请写下来。

————————————————

————————————————

————————————————

————————————————

————————————————

4. 挑战自己

想一想，你是如何挑战自己或学习新事物的。哪些具有挑战性的活动会令你感到愉悦、有意义或很重要？

还有什么可以挑战自己的方法吗？请写下来。

————————————————

————————————————

————————————————

————————————————

5. 自我关照

自我关照包括你所做的任何确保你身心正常运作的事情。例如，在学校辛苦学习一天后找点有趣的事来做，在艰难的时刻善待自己，吃好睡好。人们通常不重视自我关照，只有在完成其他"重要"的任务后才会这么做。然而，自我关照可以为我们做任何事提供有力的支持，所以在这上面投入时间是值得的。

还有什么可以自我关照的方法吗？请写下来。

————————————————

————————————————

————————————————

————————————————

6. 与人联结

多与他人联结，这里说的他

人包括家人、朋友、同学、邻居
等。想一想你和他人共同度过的
美好时光。

　　还有什么可以与他人联结的
方法吗？请写下来。

_____

_____

_____

_____

_____

你的人生，你做主

▪ 随心前行

　　下一步就是别把这本书撂在抽屉
的最底层。仅此而已。

　　**当人们感到恐慌和害怕时，他们就
有可能坠入"僵尸世界"。** 这听起来是
一个可怕的地方，对吗？有时候，我们
难免会误入"僵尸世界"。我们都有迷
失方向的时候，会忘记自己是谁，忘记自己真正热爱的是什么。

　　不过"僵尸世界"没有围墙。如果你不小心走到了那里，
只要你开始关注和行动，就可以离开。试着对自己说："现在，
我选择去关注。"

　　此刻，你想去关注吗？

✄ 拥抱变化

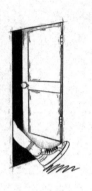

　　请记住，前往"僵尸世界"的途径包括不敢做梦。梦想是令人害怕并有风险的东西。你会成功还是失败？当你向某人发出约会的邀请时，你将找到真爱还是会被拒绝？**每个梦想都有其风险**。但如果你不愿意冒险，你就（极有可能）会走向绝路，度过微不足道的、毫无成就感的一生。

✄ 提升灵活力

　　在接下来的一周，练习觉察自己什么时候感到沮丧、无聊或没有动力。然后打开"关注"的开关，选择去关注当下的事情。你可以选择关注6条通往幸福之路中的某一条：惠利他人、活动身体、拥抱当下、挑战自己、自我关照、与人联结。每一刻都是新机遇，好好把握。你的人生，你做主。

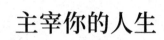

第 2 章

主宰你的人生

你是火，也是扑灭火的水。你是讲述者，是主人公，也是别人的拍档。你是讲故事的人，也是那个故事。你是某人的某物，但你也是你自己。

——约翰·格林《龟背上的世界》

你可以在你称之为"人生"的故事中扮演很多不同的角色。你可以是一个坚强的人、一个软弱的人、一个勇敢的人、一个愚蠢的人、一个严肃的人、一个外向的人、一个害羞的人、一个善良的人、一个卑鄙的人……这全都由你自己决定。关键是，你可以改变自己的行为方式和世界观。这是你的超能力，也是你提升灵活力的关键，能支撑你在遇到问题和无人相助时依然坚持前行。如果你的灵活力得以提升，你就能做好准备以应对生活中遇到的任何困难。

你可以通过许多不同的视角来看世界。一个简便快速的练习将向你展示如何从一个视角转换到另一个视角：想象一下，你自愿参演一部话剧，被分配扮演一个害羞的角色；想象你自己就是那个角色，你会如何看待他人？害羞的你会把他人当作威胁吗？

写下你的想法。

_____

吗？怎样伤害？

写下你的想法。

_____

_____

_____

现在想象一下，你被分配扮演一个强势而粗鲁的角色。扮演这个角色的你会如何看待他人？这个讨厌的角色会伤害其他人

_____

_____

_____

_____

» 为什么我们会卡住

如果你一直重蹈覆辙，你就会知道自己卡住了。打个比方，一个叫塞巴斯蒂安的人想要交朋友，但是他害怕遭人评判。他会想："如果他们不喜欢我怎么办？如果他们认为我很愚蠢怎么办？"为了缓解焦虑，塞巴斯蒂安去了图书馆，独自一人待在小隔间里的书堆后面。他感到了些许安全。但第二天，塞巴斯蒂安更担心别人会怎么想了，于是他又去了图书馆，他没有做任何其他的尝试。塞巴斯蒂安在重复做同样的事情，这让他的生活变得越来越糟。于是，塞巴斯蒂安卡住了。

再举一个例子，汉娜想学好数学，但数学总是让她感到焦虑。所以她一再拖延，逃避学习。拖延可以帮助她不在当天感到焦虑。但是转天会发生什么呢？她感到更加焦虑了，因为没有学习，她考试不及格。如果她继续拖延下去，她的生活只会变得更糟。

　　塞巴斯蒂安和汉娜不是无可救药。卡住对我们人类来说是常事。你会发现这本书的第 4 ~ 12 章的内容都是关于如何从生活中的难题和麻烦中解脱出来，从而成为最好的自己的。

卡住是什么样子

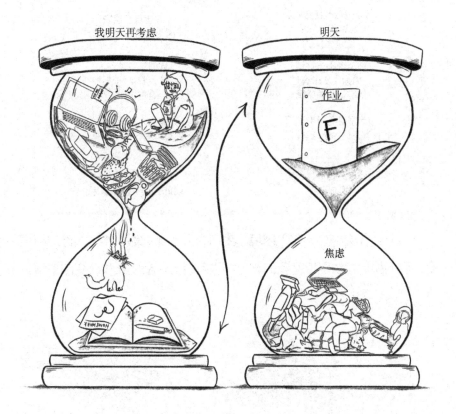

　　卡住的意思就是我们遇到了问题，并且我们试图解决问题的方法行不通。我们陷入困境的方式有很多，大多数人也很难意识到自己正处于卡住的状态。**下面列举的情况中，哪些是你最熟悉的**？

你花费很多精力
试图表现得完美。

无论怎样你都觉得
自己还不够完美。

你要等到自己感到
"足够自信"时才
敢于尝试。

你从来不去尝试他,
因为你从未有过
信心十足的感受。

为了避免对考试的
焦虑,你拖延学习。

你最终对考试感到
更加焦虑。

你用毒品来逃避
不好的感受。

毒品带来的快感会
渐渐消失,随之而
来的是你的不良感
受越来越明显。

你让自己挨饿,
因为你想掌控自己。

你的生活被他人
掌控着,你被强
迫吃东西。

你和别人打架,因为
你想得到人们的尊重。

由于你伤害了他人,
因此人们不再尊重你。

　　有时候你会卡住,陷入困境。生而为人,我们都一样。关键的问题是,我们如何摆脱困境?我们该怎样重新踏上积极成长和改变的旅程?

观察者

建议者

探索者

通过转换视角来摆脱困境

现在，我们已经准备好学习 DNA 转换技能了，这对于提升灵活力来说至关重要。我们要学会在作为一名探索者（或实干家）、一名观察者和一名建议者（或思想家）之间做好转换。为了运用这些视角转换，我们将专注于你生活中某项特定的挑战，一个可能会让你卡住的挑战。然后，我们将向你展示如何转换你的 DNA 视角，以摆脱这种困境。

你的人生，你做主，准备好了吗？

以下是许多年轻人在某些时候都会经历的挑战。选择一项你想花些功夫去应对的挑战。

√ **内心纠结**：对自己该做什么感到困惑，对过去的决定感到后悔

√ **外貌身材**：担忧自己的外型不够好

√ **时间压力**：有太多的事情要做，肩负太多的责任，或者没有足够的时间用来娱乐

√ **中学、大学和工作挑战**：对中学或大学感到不满意，因为工作感到不快乐，因为老师或老板而烦心

√ **家庭挑战**：与家庭成员发生矛盾或冲突

√ **担忧未来**：对将要发生的事情思虑过多，对不好的事情感到害怕

√ **关系挑战**：与朋友或恋人的关系出现问题

让我们来写一写吧。把挑战写下来也许不是一件好玩的事，但研究表明，表达性书写能帮助我们获得新的视角与成长。你将在本章探索如何应对你写下的这个挑战。

花点时间把你面临的挑战写下来。想一想挑战发生的具体时间，以及这个挑战带给你的最强烈的情绪和想法。设定 10 分钟的时间进行表达性书写，完成下列句子。

√ 我面临的挑战是……

_____

√ 我对这个挑战的感受是……

_____

√ 我对这个挑战的看法是……

_____

现在写下你希望如何应对这个具有挑战性的情境。你最想要的结果是什么?（要大胆地、积极地畅想!）

√ 我理想中的结果是……

_____

结果在生活中很重要，但你无法确保自己总能如愿以偿。打个比方，假如你希望别人善待你，你可能会先善待他们，但你无法保证他们会对你的善意有所回报。你唯一能把控的就是自己的行为。无论世界上其他人怎么做，你都可以决定坚持不懈地按照自己的价值方向去行动。好消息是，当你始终按照自己的价值方向做事时，你就给了自己获得理想结果的最佳机会。

所以，让我们来发现你所面临的挑战背后的价值。这里有一些示例词语可以对你所看重的东西有所提示：坚强、自信、善良、可敬、关怀、有趣、乐于助人、友好、随和、大胆、执着、不断尝试、乐于施予、积极、享受当下。现在写下你想用行动来体现的价值。

√ 在这种充满挑战的情况下，我想成为这样的人……

_____

_____

√ 我的价值是……

_____

_____

现在你已经知道在身处挑战的情境下想要怎样做了，接下来你可以通过三种不同的视角——**探索者、观察者、建议者（DNA）**来探索你面临的挑战。我们将分别阐述它们。然后，我们会请你将每一项技能应用到你之前提到的充满挑战的情境中。下面就让我们来进行第一个视角转换。

» 观察者：倾听身体里的信息

在做视角转换时，你可以在观察者、探索者、建议者这三个角色间做任意转换。现在，我们将从观察者的视角开始。

观察者技能是观察你周围和你内心发生了什么的能力。你通过自己的身体，也就是通过你的感受以及触觉、味觉、视觉、听觉和嗅觉去体验世界。当你运用观察者技能时，你就像是正在经历某个场景，但并不总会对它做出反应。例如，你可能会体验到自己的感受来来去去，除非你刻意选择去做点什么，否则你不会对它们做出反应。这就好比，当你向朋友透露某个秘密时，你目睹着朋友面部表情的变化。

观察者技能是你从出生那一刻起就拥有的技能，也是你一生都可以使用的技能。当你还是婴儿时，你就会注意到你周围和你的内心发生了什么。你会注意到你身体的感受，你会在感到饥饿或寒冷时大喊大叫。你能注意到安全和危险。当你凝视所爱之人的眼睛时，用不了多久就会陷入爱河；可是，当你注视陌生人的眼睛时，你可能会感到害怕。随着年龄渐渐增长，你可以感受到漫步时脚下草地的柔软，听到风吹树叶的沙沙响声，感受到自己看见小猫出现在篱笆上时的喜悦。所有这些经历都在培养你的观察者技能。

现在你已经长大了，每天都会留意到各种事情。难道你不想提高这项技能，好好利用它吗？观察者一直都在，但有时我们会忘记这一点。现在让我们来做一个与观察者技能相关的小练习。

遇见你的观察者

1. 请留意你的双脚在鞋子里的感觉。动一动你的脚趾，感受它们的存在。
2. 做五次急促的呼吸，感受你的呼吸。再做五次缓慢的呼吸，感受你的呼吸。
3. 环顾四周，找出三件白色的东西。

以上每一步都在使用你的观察者视角。如果你能做到这些（你一定能做到），你就遇见了你的观察者。现在到了更为熟练地使用观察者技能的时候了。首先，考虑一下，你现在是怎样使用这个技能的。

你的观察者技能令你失望了吗

这是一项非常简单的技能。它是如此简单，以至于我们会常常忘记它。现在让我们来看一看你的熟练程度。浏览下面的表格，在与你情况相符的条目前打钩。

你的观察者技能

有益的观察者行为	无益的观察者行为
☐ 我能意识到自己身体的感觉。	☐ 我不知道自己的身体里发生了什么。
☐ 我可以按下暂停键，让自己慢下来。	☐ 我对事情反应过度。
☐ 我可以描述自己的感受。	☐ 描述感受对于我来说比较难。
☐ 我允许所有感受的存在，哪怕是消极的。	☐ 我讨厌自己的消极情绪，希望它们能消失。
☐ 我能注意到别人的感受。	☐ 我注意不到别人的感受。
☐ 我能及时觉察到当下正在发生的事情。	☐ 我迷失在自己的头脑中，注意不到自己的周围发生了什么。
☐ 当我有强烈的情绪感受时，我可以使自己平静。	☐ 当我有强烈的情绪感受时，我会伤害自己或做一些无益的事情。

你做得怎么样？如果上述有益的观察者行为大多数都与你相符，

那就说明你已经很擅长使用观察者技能了。不过，你仍然可以继续提升这项技能。这是一项终生的任务。

观察能力对于你的日常生活来说至关重要。把自己想象成一名司机，把你的情绪想象成交通信号。如果你不看信号，就会出车祸。你对自己的情绪有过强烈的反应吗？也许有一次你生气了，但没有觉察到自己在生气，直到你大发雷霆。太迟了。你已经情绪崩溃，接下来只能收拾残局了。

当你学会熟练使用观察者技能时，你就可以及时觉察到愤怒，这样你就有了选择的余地（并非总是如此，但会经常如此）。你可能仍然会进行报复，但也可以直面那个让你生气的人，或者干脆忽略此事。

以考试焦虑为例，它就像一种鬼鬼祟祟的情绪信号。也许你没有注意到它，而只是告诉自己，你不想为了考试而学习。当你练习觉察自己的焦虑时，你会意识到自己确实很在意考试的成绩。无视你的焦虑会与取得好成绩的目标背道而驰。如果观察者技能提升了，你可以选择学习，也可以选择拖延。

重要的是：你可以自己选择。

如何提升你的观察者技能

熟练的观察包括学习如何观察和理解我们的经历和感受，并且知道自己不会被它们压垮。观察其实很容易，连婴儿都会，但是对于思虑过多并对威胁敏感的人类来说，熟练的观察还是比较困难的。

情绪就像你在手机社交媒体上收到的消息。当你收到不喜欢的消息时你会怎么做？你会把手机往墙上砸吗？如果你收到了一条令人困惑或失望的消息该怎么办？这是否意味着你的手机出了问题？你需要换一部新手机吗？我想你是不会做以上事情的。你不会因为骚扰短信而责怪你的手机。那你为什么会因为不愉快的情绪信号而责怪自己呢？你甚至可能会想："我到底是怎么了？""我为什么感到如此（填入你最不喜欢的情绪）？"

为了提升观察者技能，你需要记住两件事：

1. 接纳：接纳自己所有的感受都是正常的。很多时候，你所关心的东西（比如成功）自然会带来困难的感受（比如对失败的恐惧）。所以，你越在意一些事情，就越需要接纳并为困难的感受腾出空间。这些感受就像你手机里面的消息。消息不会毁了你的手机，感受也不会毁了你。

2. 行动：用三步"观察者练习"来行动。

（1）觉察你的呼吸。做几次缓慢而深长的呼吸，让自己平静下来。

（2）将你的注意力集中在你的身体里。做一个身体扫描，觉察身体的感觉（比如肩膀紧张、恶心、头昏眼花、感觉燥热）。

（3）把你的感受告诉自己。你能给这些感受一个个地贴上标签吗（比如悲伤、愤怒、焦虑、不安、紧张、快乐、平静、内疚、羞愧）？

提升观察者技能的每日练习

对你来说，观察者技能可能听起来很新鲜，但事实并非如此。你一生中的大部分时间都在使用这项技能，只是你没有给感受贴过标签而已。下面的测试将帮助你想出有趣的方法来提升它。

▰ DNA 快速测试 ▰

你是怎样提升你的观察者技能的?

☐ 我喜欢摄影。

☐ 我喜欢观察他人的所作所为以及他们如何进行互动。

☐ 我喜欢通过舞蹈、体育运动或其他形式的活动去体验各种事物。

☐ 我喜欢与大自然亲密接触。

☐ 我喜欢品尝不同的食物。

☐ 我希望有一天能成为一名厨师。

☐ 我希望有一天能导演电影。

☐ 我希望有一天能当导游。

☐ 我喜欢闲逛,欣赏周围的一切。

请从上面的列表中选出三项你最喜欢的活动。还有什么你没有做过的观察者活动? 把它们写下来。

_____

_____

_____

将观察者技能运用到挑战性情境中

花点时间想一想你之前在本章选择聚焦的那个挑战。想象此刻挑战正在发生,而你置身其中。

现在请选择你接纳和行动的步骤。

为了加强你的观察者技能,你需要记住两件事:

1. **接纳:** 你是否能够接纳那些困难的感受并为它们腾出空间?

如果你的回答是否定的，不用担心。我们将在整本书中探讨接纳的技巧。

如果你的回答是肯定的，很好！每次这样做，你都在强化自己的观察者技能。

2. 行动：我们称下面的练习为"ACT专注练习"。当你感觉自己卡住了而不知所措，或者可能做出一些令你将来感到后悔的事情时，你可以马上做这些练习。

◢ ACT专注练习 ◣

1. **觉察你的呼吸**（Awareness of your breath）。只是观察呼吸。做几次缓慢的呼吸。不用急，慢下来，安住当下。

2. **将意识集中于身体**（Center your awareness in your body）。当你想起你的挑战时，你有什么感受？

3. **将感受告诉自己**（Tell yourself how you feel）。

4. **觉察你周围此刻正在发生的事情**（Take notice of what is happening around you right now）。例如，你可以有意识地进行觉察并说出你周围的五件物品。留意你听见的五种声音。

当你切换到观察者视角时，你会意识到自己体内正在发生什么，觉察到自己的情绪起伏。如果你的观察者技能提升了，你会发现自己不会任由情绪摆布，也不会被他人的情绪搅扰。你可以好奇地观察自己的感受，并学会有意识地回应。

"观察者空间"确实很棒，但我们不想永远待在那里。看待生活有很多种方式。现在让我们进入一个新的视角。

» 建议者：运用内心的声音

建议者技能告诉你什么是好，什么是坏，该做什么，以及如何解决问题。

建议者是我们给自己内心的声音起的名字。你可以把它想象成一个坐在你的肩膀上在你耳边低语的人物角色。这个角色看起来有点像你（因为它是你的一部分）。

你的建议者可能会对你说这些话：

"如果你不断尝试，就会成功。"

"你太累了，不能再学习了。"

"把你的感受藏起来。"

"来吧，你能行的。"

"不要相信那个人。"

还有很多其他的建议来源，比如父母、老师和朋友，甚至你手机上的人工智能也会给你建议。但在你的内心，只有一个建议者，那就是你自己独一无二的声音。在你从小到大的成长和学习过程中，建议者吸收了你周围的各种信息，并将它们转化为自我建议。所以，你其实一直在听从自己内心的声音生活着，它会告诉你应该做什么。这听起来很疯狂，不是吗？

建议者技能是人类最神奇的技能之一。你的建议者学到的东西越多，你就越能用它来帮助你应对各种情况。

遇见你的建议者

想象一下，此刻你从正在阅读此书的地方走进了隔壁的房间，看见一只漂亮的、毛球般的树袋熊正坐在你的椅子上。这样的场景你从未经历过，是吧？

看到这只树袋熊时，你脑海中最先冒出来的两个想法是什么？这些想法就是你的建议者在说话。我们希望你的建议者能通过询问类似这样的问题为你提供即时的帮助：

1. 那个毛茸茸的东西是什么？

2. 它为什么会在这里？

3. 它是怎么进来的？

4. 我该怎么办呢？

5. 我应该拿根长杆戳一戳它还是打电话给野生动物救援组织？

6. 树袋熊危险吗？

7. 这好笑吗？

8. 有人在捉弄我吗？

所有这些询问都会在几秒钟内发生。然后，你的建议者可能会想出你的逃生路线，推测树袋熊可能会做什么，不会做什么。

无论是一只树袋熊、一道数学题、与朋友吵架还是其他各种各样的日常琐事，你的建议者都可以帮你找出在任何情况下该做什么的答案。例如，你可以对自己说：

"起床啦，去工作。"

或者

"不用起床，工作没那么重要。"

你的建议者还会给你一些行动建议，比如：

"言多必失，不要说得太多，人们不会喜欢你的。"

或者

"别对你的朋友这么说话，她会生你的气。"

如你所知，建议者的建议并不总是有用的。所以，你要做的不是始终服从你的建议者或是生它的气。你的任务是学会什么时候听它的话。

你的建议者技能让你失望了吗

你能回想一下当你被卡在自己的头脑里，批评自己、过度担心某件事的时候吗？你有没有总是想起白天发生的烦心事而无法入睡的时候呢？这说明你的建议者失控了。让我们来做一个快速的自我觉察练习，识别出有益和无益的建议者行为。

看一看下表中的建议者行为，有没有你最近做过的，请打钩。

你的建议者技能

有益的建议者行为	无益的建议者行为
□ 我通过解决问题来改善我的生活。	□ 我担心的事情太多了。
□ 我会反思过去，以便从错误中吸取教训。	□ 我无法停止回忆过去。
□ 我考虑怎样才能在某方面有所提高。	□ 我经常批评自己。
□ 当我的想法对自己没有帮助时（忧虑过度、自我批评或沉湎于过去），我能有所觉察。	□ 我浪费了很多时间去想那些不重要的事情。
□ 我告诉自己一些有益的东西，比如"人们喜欢我的原因"或者"继续努力"。	□ 我告诉自己一些无益的东西，比如"我一无是处"或者"我没有希望"。

也许你花了很多时间使用你的建议者技能（我们都一样），你甚至可能用得太多了。如果不能停止担心或思考过去不好的事情，你就会发现自己被建议者卡住了。有时候，仅仅是注意到自己过度使用了

建议者技能，你就已经迈出了解决问题的第一步。

你内在的建议者
总是对你低声嘀咕

如何提升建议者技能

这里有一些简易可行的方法可以用来加强建议者技能。你可以用接纳和行动这两个词来记住它们。

1. 接纳

√ 建议者提出消极的想法，那是它在做自己的工作，而

你需要接纳这一事实。建议者就像一个威胁检测机器，它的工作就是找出问题所在并加以解决。如果你的建议者总是如孩童般无忧无虑、天真无邪，它就无法解决问题。它的工作是保护你的安全，而不是

让你经常想着快乐的事情。

√ **接纳你的建议者一直工作。**

如果你能在建议者处于消极状态的时候把它关掉，那不是很好吗？问题是，这样你就没有威胁检测系统了——你的脑子里只剩下彩虹和独角兽这些美好的事物了。你觉得接下来会发生什么？你可能会死在车水马龙的路上，因为你没有能力对自己说："嘿，小心！"所以现实情况是，你无法让你的建议者闭嘴。

翻过这一页，自己试试看……

花 20 秒钟时间专注于你的呼吸。注意你的建议者是在什么时候出现的（通常是你在想这个任务或其他事情的时候），然后试着回到对呼吸的观察上来。准备好了吗？我们开始吧！

现在开始计时。

√ 现在想一想刚才发生了什么。你走神了吗？有没有听到你的建议者在做判断和评估？每个人的脑子都在胡思乱想，因为你和其他人都有一个总在寻找问题的建议者。所以，不要试图让你的建议者闭嘴，你是赢不了它的。

√ **接纳无法抹去的过往。** 有没有一种你正在面临的挑战是曾经发生过的？你有没有犯过错或者和朋友闹过不愉快？如果有不好的回忆，我们就会很想把过往统统抹去。这似乎是合乎逻辑的。但是，如果你可以消除记忆，类似下面这样的事情就有可能发生。

上学时你遭遇了校园欺凌，被人踢了脑袋。回想起来真是太糟糕了，回到家后你就用神奇的**"建议者橡皮"** 擦去了那段糟糕的记忆。当天晚上你睡得很好！但是第二天，你去学校的时候没有避开那个欺凌者，你的头又被踢了。日复一日，你每天都在遭受欺凌。

你说得对，这个场景太像疯狂的卡通片了。不管过去是幸运还是倒霉，我们都不会忘记过去。我们无法抹去回忆，因为如果抹去的话，我们就会死。这意味着，如果你试图抹去一段糟糕的记忆，你的大脑和你的生理机能都会跟你作对，你会输的。（不用着急，你可以在第9章学到如何应对痛苦的回忆。）

2. 行动

√ **你的行动要由你自己来做主，而不是你的建议者。** 当建议者给出的解决问题方法有益时就使用，无益时就停止使用（也就是说，当你忧心忡忡却不知所措时就停下来）。不要对建议者告诉你的一切全然相信。你知道，并不是人们告诉你的每一件事都是正确或有益的，不是吗？你的建议者也是如此。它会提供很多无益的建议，比如，"你不能做""放弃吧"或者"不要相信任何人"。这种自言自语既不是好事也不是坏事。这完全取决于你如何使用它——你要做什么。

在你的生活中，建议者为你制定了一套规则。也许它包含了一些消极的规定，比如，"你数学学得很差""你不是很受欢迎"或者"你不够好"。但事实上，你可以在任何需要的时候创建和检验新规则。你可以好好利用你的建议者。比如，你曾对做某件事情感到不确定，却对自己说："加油，你能做到。"这就是一个创建新规则的例子。你可能已经创建了一个新规则，就像"我可能会在数学方面（或其他方面）遇到困难，但无论如何我将尝试攻克它。"建议者规则中最好的一条，就是**建议者并不总是正确或有益的。**

√ **通过转换你的 DNA 来行动。**练习提升建议者技能最简单的方法之一，就是通过"DNA 转换"把你的建议者转换成观察者或探索者。我们不必停留在自己的头脑里。我们可以观察周围的事物（N）或者做一些愉悦的事情（D）。留意到头脑中的想法是容易做到的，但我们很多人会忘记我们生命的主人是自己，而不是我们的建议者。

来吧，试试看。下次当你卡住的时候，进入你的"观察者"空间，把自己和周围的一切联系起来；或者进入"探索者"空间，去尝试一项行动来帮助自己。

提升建议者技能的每日练习

你的建议者技能并不是什么新奇的东西，它只是一种简洁的方法，教你在问题解决、自我限制的信念以及自我对话方面灵活一些。下面的测试将帮助你提高这个技能。

▰ DNA 快速测试 ▰

你是怎样提升你的建议者技能的?

☐我喜欢安排自己的生活。

☐我喜欢证明自己的观点。

☐我喜欢把事情弄清楚。

☐我喜欢在指导下做一些很酷的事情。

☐我喜欢解决问题。

☐我喜欢像侦探一样做调查。

☐我喜欢像律师一样探寻答案。

☐我喜欢和朋友们讨论想法。

☐我喜欢预料问题并找出避免问题发生的方法。

从列表中选出三个你最喜欢的活动写在下面的横线上。然后添加其他你平时会做但没有出现在列表中的建议者活动。

_____

_____

将建议者技能运用到挑战性情境中

现在可以提升你的建议者技能了。请再次回到你之前探索过的挑战性情境，当你面对这个问题时，看一看有什么困难或消极的想法冒出来了。把这些想法写在下面。不要过滤掉你认为不好或愚蠢的想法。记住，我们每个人都有有时会告诉我们一些无益东西的建议者。

_____

_____

_____

_____

现在，再看一下前几页"如何提升建议者技能"那部分内容里的接纳和行动步骤。这些步骤告诉你可以做些什么来灵活地与建议者进行交流。在下面写下一两个你自己的关于接纳和行动的想法。思考下列问题：如果有困难的想法出现，你打算怎么办？你会任由自己被这些想法摆布吗？你可以让这些想法自由地来来去去，而不去回应它们吗？即使你的建议者挫伤了你的斗志，你也能坚持做自己在乎的事情吗?

_____

_____

_____

_____

当你思虑过多并且你的建议者对你毫无益处时，你可以转换到观察者视角，只是拥抱当下。或者，你可以切换到探索者视角。**我们现在就开始吧。**

» 探索者：行动、检验，从而获取经验

探索者是你在这个世界上行动的那个角色。它探索、检验问题，并通过试错法找到最佳的前进道路。

一旦拥有了娴熟的探索者技能，你就学会了独立自主。你知道可以通过做一些事情让自己的生活更加美好。你学着在这个世界上让你的想法变成现实。最重要的是，探索者会帮助你建立关系并扩展你的技能。

唤起探索者的一个好方法是想想你当年是如何学会走路的：你站起来，跌倒，再站起来。你一直在努力，直到你终于可以自己走路为止。每个人都是这样学习走路的。运用探索者技能可以学到很多东西，比如骑自行车、阅读、解决数学问题，甚至剪指甲。探索者可以让你做出任何难免犯错并需要再次尝试的行为。这是人类学习的本质。要知道，你的内心就有一个跃跃欲试的探索者。

然而，作为人类，我们并不是总能巧妙地使用自己的探索者技能。有时候，即使结果不好，我们也会一遍又一遍地重复着同样的事情。接下来，我们将帮助你学习如何更好地使用你的探索者技能。

遇见你的探索者

通过下面两种方法，你可以找到你的探索者：

1. 就在此刻，做一些你以前从未做过的事情。也许是一些看上去有些傻的事情，比如单脚站立用两只手玩杂耍。也许是一些简单的事情，比如做伸展运动或原地转圈。不要担心自己的行为有点傻（在"探索者空间"里，这种情况经常发生），去尝试一些新的东西吧。

2. 为他人做一些你从未做过的好事。去做吧，看看对方的反应。

你做了什么？那个人有什么反应？

_____

_____

_____

_____

_____

_____

探索者技能是一项用来在生活中明确价值的技能。下面是包括六项幸福行动的清单。从中选择一项，或者你自创一项。然后，在接下来的 24 小时里用一些新的方式去开展这项行动。

惠利他人

1. 为慈善事业贡献时间或金钱。

2. 为改善环境做点事情。

3. 鼓舞他人。

4. 善待需要帮助的人。

5. 在工作上帮助他人。

6. 照顾他人。

拥抱当下

1. 关注周围的世界。

2. 调动所有的感官（视觉、听觉、味觉、嗅觉、触觉）享受一顿美食。

3. 全神贯注地与朋友或爱人说话。

4. 感恩那些让生活更美好的点滴小事。

5. 对野生动物或宠物进行短期观察。

6. 好奇地观察现实世界中发生的事情（比如日出）。

活动身体

1. 散步。

2. 参加一项运动。

3. 跳舞。

4. 锻炼。

5. 游泳。

6. 骑自行车或玩滑板。

自我关照

1. 确保睡眠充足。

2. 多吃蔬菜和水果。

3. 避免吃太多垃圾食品。

4. 安排时间放松。

5. 在工作间隙让自己休息。

6. 阅读，做伸展活动或者一些其他的放松活动。

挑战自己

1. 学会做饭。

2. 制作点东西。

3. 学习一种乐器。

4. 培养运动技能。

5. 接手一个有挑战性

但有趣的项目。

6. 提高你的工作效率。

与人联结

1. 给朋友打电话。

2. 和家人一起做事。

3. 拜访他人。

4. 发送消息表达问候。

5. 对你关心的人说些好听的话。

6. 和他人一起喝杯咖啡或吃顿饭。

你会做什么？

_____

_____

_____

_____

_____

_____

_____

_____

你的探索者技能让你失望了吗

蹒跚学步的孩子总是在尝试不同的事情：探索，将鼻子凑近他们看到的每一个新事物上，把东西从他们坐的高椅子上扔下来再看着父母捡起来。现在，我们来把蹒跚学步的孩子与老年人做个对比。你有没有注意到一些老年人很少去尝试新事物？你可能会听到他们这样说："这是行不通的。我知道的，早在1938年我就尝试过。"一个人从蹒跚学步的孩子到白发苍苍的老人，你认为这中间发生了什么？

对大多数人来说，我们会止步于依赖我们的建议者和我们的过往所学。我们不会冒着失败的风险去使用建议者技能做一些尝试。当我们停止探索时，我们就失去了学习新的行为和技能的能力。

下面的测试有助于你了解自己与探索者之间的关系。将你最近几天使用过探索者技能的所有方式都勾选出来。

你的探索者技能

有益的探索者行为	无益的探索者行为
□ 我挑战自己，看看是否能在某些方面做得更好。	□ 我谨慎行事，没有在某些方面做得更好。
□ 我注意自己的行为是否为我的生命创造了价值和活力。	□ 我冲动的行为使自己的生活变得更糟。
□ 为了改善自己的生活，我做了一次冒险，做了一些新的尝试。	□ 我没有做什么新鲜事。我尽量避免任何冒险和犯错。
□ 我注意到自己行为的后果。	□ 我没有注意到自己行为的后果。

你做得怎么样？如果你今天没有以新的方式使用你的探索者技能，没关系，这很正常。在接下来的章节中，我们来看一看你该如何去做。

如何提升你的探索者技能

　　要想拥有一名有经验的探索者，你需要不断尝试，并关注它是否有效——也就是说，看看探索者是否改善了你的生活。你可以通过以下简单的操作来提升你的探索者技能。和之前一样，你可以用接纳和行动这两个词来记住该怎么做。

1. 接纳

√ 接纳这个事实——你在生活中的一些所作所为并不会让自己的生活变得更好。我们每个人都有坏习惯。

√ 接纳这个事实——尝试新事物可能会带来痛苦和困难。

2. 行动

√ 采取新的或不同的方式行动。不要总是生活在你的舒适区。去尝试新事物，看看有哪些活动身体、与人联结、挑战自己、自我关照、惠利他人以及拥抱当下的新方法。

√ 按照有效的方式行动。注意，在你尝试新事物之后发生了什么？你得到自己想要的结果了吗？如果没有，再试试别的方式。

提升探索者技能的每日练习

你一生都在使用探索者技能，只是没有为它命名过而已。下面这个测试会告诉你如何加强这一技能。

⚡ DNA 快速测试 ⚡

你是怎样提升你的探索者技能的？

☐ 我喜欢创造东西。

☐ 我喜欢探索。

☐ 我喜欢发明。

☐ 我喜欢艺术创作。

☐ 我喜欢设计东西。

☐ 我喜欢学习新事物。

☐ 我喜欢旅行和探索新的地方。

☐ 我喜欢尝试新的活动。

☐ 我喜欢认识新朋友。

☐ 我喜欢通过行动而不仅仅是思考来解决问题。

从上面的选项中选出三个你最喜欢的活动。然后，将你以前做过但选项中未列出的其他探索者行为写在下面。

_____

_____

_____

将探索者技能运用到挑战性情境中

现在，最后一次回到你身处的挑战性情境中，让我们来学习作为探索者该怎样接纳与行动。请思考下列问题，并写下你的答案。

1. 接纳

√ **承认你做的一些事情是无效的。** 面对挑战时，你通常会怎么做？

当我面对挑战时，我通常会……

_____

_____

_____

2. 行动

√ **用新的方式行动。** 想两件你通常不会去做的事情。它们听起来不一定合乎逻辑，不一定令人惊叹，不一定能改变生活，只要是你以前没做过或从未尝试过的事情就行。需要重点提示的是，要打破常规去尝试与你日常行为相反的事情。打个比方，假设你经常为一个观点而与人争论，相反的做法就是尝试倾听。或者，如果你经常回避某种情况，相反的做法就是试着置身于这种情况之中，并相信自己可以应对。

当我面对挑战时，我愿意尝试一些新的或不同的东西。我想……

_____

_____

_____

_____

如果你开始尝试一些新东西，你的建议者很可能会紧张害怕，并试图阻止你。要记住，你的建议者会经常反对新事物，反对不可预测的事情，因为它的主要工作是防止出错。尽管如此，你大可不必总是听它的话，你甚至还可以向你的探索者学习。

√ **按照有效的方式行动。** 一个老练的探索者会去尝试不同的事物，并观察接下来会发生什么。请思考以下问题：你的新行动成功了吗？它有没有改善你的处境，或者让你在某件事上做得更好？如果没有，那就不要再做了。如果有，那就多做一些。

_____

_____

_____

_____

_____

你的人生，你做主

◢ 随心前行

为什么要练习探索者、观察者和建议者的技能？答案很简单：这些技能可以帮助你创建充满乐趣、冒险和爱的生活。

拥抱变化

不要逃避变化，面对它，利用它。你可以改变自己，这样变化就不会摧毁你。下一页的图片总结了该如何做到这一点。这个转盘的中心是一个" V 转盘"。你可以通过将指针转向探索者、观察者或建议者（DNA）来改变自己，为你的生活创造更多价值。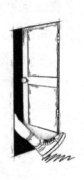

提升灵活力

记住下一页的 DNA-V 模型图，提醒自己使用该模型来应对挑战并改善你的生活。提升灵活力需要练习练习再练习。你练习自我改变的次数越多，就越能发展灵活力。

√ **探索者**：将指针转到探索者（D），看看尝试新事物是否会让生活更美好。

√ **观察者**：将指针转到观察者（N），看看带着好奇心集中注意力而不做任何反应是否会让生活更美好。

√ **建议者**：将指针转到建议者（A），看看仔细思考和解决问题是否会让生活更美好。

√ 这就是我们所说的 " DNA 转换"。如果你觉得自己卡住了，就转换 DNA。把指针转向探索者（D）、观察者（N）或建议者（A）的视角，看看谁最能帮助你创造价值。

用 DNA-V 模型来创造自己的生活

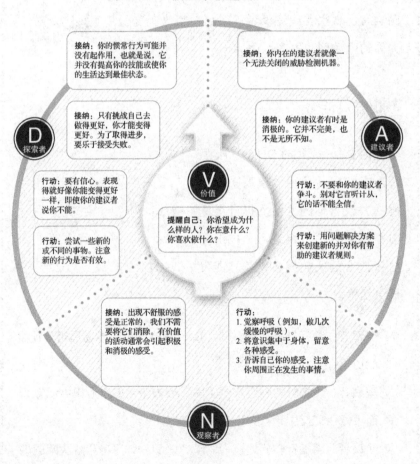

第 3 章

视角一转换，世界就改变

> 如果我们总是等待他人，等待别的时间，那么改变永
> 远不会发生。我们自己就是我们一直在等待的人。我们自
> 己就是我们所寻求的改变。
>
> ——贝拉克·奥巴马

正如上面这段话所说，你就是自己在等待的那个人。在本章中，你会找到你自己，找到你的自我价值，发现你建立友谊的超能力。你可以通过提升你的**视角技能**来做到这一点。

在探索者、观察者和建议者三者之间进行切换，可以让你以不同的方式体验世界。进入"建议者空间"，你会把这个世界看成一个亟待解决的问题。在下一页的图片中，一个名叫杰夫的男孩将高台跳水视为一个潜在的问题。进入"探索者空间"，采取一些行动，看看接下来会发生什么。当杰夫从跳板上跳下来的时候，他成了一名探索者。进入"观察者空间"，用图像、感觉、声音、气味和感受来体验这个世界。躺在水面上静静地体验生活时，杰夫就进入了"观察者空间"。

体验世界

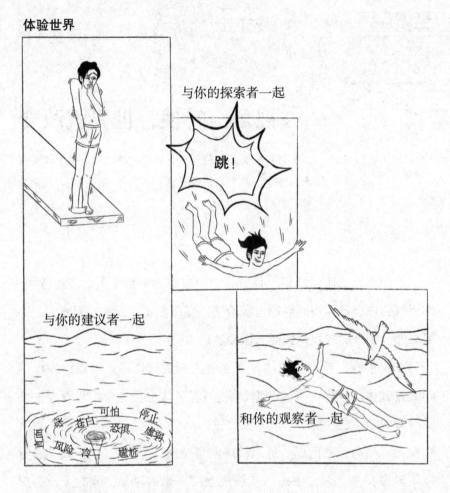

　　让我们深入一些，继续讨论你的 DNA 视角。你是有能力以探索者、观察者或建议者的身份来看自己的。杰夫可以通过记住自己在跳水过程中的不同体会来做到这一点，就像他在手机里翻看他作为探索者、观察者和建议者时拍的不同照片。**自我视角**（self-view）会让你看到自己有很多可能性。

　　自我视角还可以让你审视自己，或者想象过去和未来的自己。还记得你做过的一些令人惊奇和新鲜的事情吗？现在闭上眼睛，在脑海中看着自己正在那样做。此刻，你正在以一名探索者的身份看着自己。还记得你试图解决某个问题的时刻吗？现在就想象一下吧。此刻，你正在以一名建议者的身份看着自己。你可能认为这并不重要，但正如你将在下面学到的，自我视角很重要，是克服自我怀疑、建立自己的生活方式的关键。

还有一个你可以采用的视角。我们称之为**社会视角**（social view）。通过这种视角，你把关注点放到别人而不是自己身上。你可以试着了解他们的想法和感受。你甚至可以猜测他们打算做什么。社会视角是交朋友和对付欺凌者的关键。在下面的图片中，杰夫正在以社会视角来想象朋友对他跳水的看法。

与其谈论这么多自我视角和社会视角，不如现在就来进行视角转换。

» 自我视角的力量

许多人认为他们是一成不变的。这就产生了一个问题。如果你认为自己是不变的、不好的，那么你就会卡住，会一直认为自己不好。不过你不用担心，接下来你会看到你并非自己想象的样子。

让我们看一看你是否认为自己是一成不变的。回答以下问题：

你是谁？完成这个句子：

√　我是 _____

_____

想一想你的答案。它能描述你的一切吗？

看看你是否能更进一步，用一大堆词语来描述你自己。通过完成下面的句子，为自己画一幅"文字画像"。使用同样数量的正面评价（例如：很好，棒极了，强大，足够好，可爱，高效，英语好）和负面评价（例如：吝啬，软弱，不够好，愚蠢，不可爱，数学不好）。把它们混在一起填入空格内。

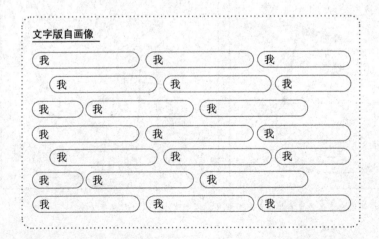

现在，当你看着自己写下的这些词语时，你看到自己的每一个部分了吗？我们是说全部。这些评价是否涵盖了你这个人的方方面面？我们是说全部。

答案是否定的。你可以花一辈子的时间来完成这些"我……"的句子，你永远也评判不完。这是因为评判只是你的建议者做出的判断和决定。你的建议者可以滔滔不绝。建议者只是你的一部分，而不是全部。你可以主宰你的建议者，就像你的评判清单主宰它的词语一样。如果这些词语对你没有帮助的话，你可以置之不理。选择权在你手上。

自我视角可以帮助你认识到三件重要的事情。

1. 你的想法（建议者）无法定义你。你可以自我怀疑但依然取得成功。举个例子，写下一个你的建议者有时对你说的消极想法。

现在让我们试着做一次自我视角的转换。对自己说：我的建议者对我说（此处加入上面的消极想法），但是我可以选择接下来发生什么。自我视角可以帮助你在建议者和你之间创造一个空间。在那里，你会从担忧和自我怀疑中解脱并重获自由。

2. 你的感受（观察者）无法定义你。你可以觉察到强烈的感受，而不对它们做出反应或被它们淹没。写下你此刻的感受。

现在让我们试着做一次自我视角的转换。对自己说：我觉察自己感受到了（此处加入上面的感受）。我可以保持这种感受，同时还可以做一些有趣或有意义的事情。我的感受只是跟我在一起而已。自我

视角帮助你在自己和情绪感受之间创造了一个空间。在那里，你可以学会暂停，不对自己的感受做出反应。你会找到自由，不再任由各种情绪感受所摆布。

3. 你过往的发现和错误（探索者）无法定义你。你可以带着遗憾和尴尬的感受一往无前地漫步人生路。在下面写下你曾犯过的错误。

_____

_____

_____

现在让我们试着做一次自我视角的转换。对自己说：我曾犯过错（此处加入上面的错误）。现在我知道错误是为了让我从中学习。下次我会以不同的方式应对问题。自我视角帮助你认识到一个错误并不能定义你这个人。你不是你的错误。你将获得犯错的自由并从中吸取教训，这会让你成为一个更好的人，而不是一个更坏的人。

自我视角是一种解放，因为它让你看到自己不再被自己的想法（建议者）、感受（观察者）或过去的行为（探索者）所束缚。你可以改变自己的生活，让自己成长。

无论何时，当你觉得生活很糟，以为永无天日的时候，记得进入自我视角。从远处观察自己，做自己的旁观者。提醒自己，事情总是在变化，你也一直在变化。你过去的所想、所感或所为，无一能决定你的未来。你可以自主选择。你的人生，你做主！

» 社会视角的力量

我们还可以进行另一种视角转换，这是一个重要的转换。就像杰夫在潜水时能够从观察自己转换到考虑别人对自己的看法一样，你也可以拓宽自己的视野，把其他人也涵盖进来，这就是我们所说的"社会视角"。

这个视角有助于你与他人和睦相处，应对难以相处的人，建立友谊以及找到爱情。我们将在这里向你简要介绍社会视角，然后在关于建立良好的人际关系和应对欺凌的章节中做更详细的介绍。

让我们从一个问题开始吧。在下面写下你的回答：

✓ 对你来说什么是最重要的？
_____

_____

人们回答这个问题时，几乎都会想到亲人和朋友。很少有人会说："最重要的事情是拥有一辆很棒的汽车或者变得性感。"这些事情可能很重要，但不是最重要的。

你属于一种叫作"人类"的社会物种。你什么事都要依靠他人。想想吧，你可能不会自己做衣服，无法在家里发电，发明不出来让你感觉更好的药，也不会种植你赖以生存的粮食。我们不是独自一人，而是一个精密网络的一部分。如果人们接纳你，你会感到快乐；如果人们拒绝你，你会感到痛苦。

你需要社会视角来处理社会关系。回答以下问题从而进入社会视角。

探索者：想一个你喜欢的人。这个人喜欢做什么？想象他此刻正在做那件事。

_____

_____

观察者：你觉得他在做那件事的时候感觉如何？试着想象那个人的身体会有什么感受。

_____

_____

建议者：这个人在做自己喜欢的事情时，你认为他的建议者会对他说什么？如果他的建议者知道你正注视着他并进行思考，它会不会有所不同呢？

_____

_____

当你使用你的社会视角时，你就在试着从他人的角度看问题。你会看到其他人有一个能指出他们强烈感受的观察者。他们有一个会不断搞砸事情的探索者。他们有一个告诉自己需要做什么或如何做得更好的建议者。他们还有自己在乎的人和事。

当你用社会视角去看他人时，你会对他们表现出共情和慈悲。你可以学习交朋友和建立关系。和你一样，其他人也在不断成长。你可以用你的社会视角技能来维系你的友谊、家庭关系等任何你在乎的关系。

你能猜出他们在做什么（探索者），在看什么、有什么感受（观察者），在想什么（建议者）吗？这就是社会视角。

你的人生，你做主

▪ 随心前行

　　恭喜，你已经完成 DNA-V 模型的技能培训。你已经学会了如何在探索者、观察者、建议者、自我视角和社会视角之间进行转换。你已经学会考虑自己的价值，并让它指引你前行。听起来好像内容很多，但本书的其余部分将为你提供练习视角转换的机会。当你选择这样做的时候，你会跟随内心的指引在你的人生旅程中创造价值。

▪ 拥抱变化

　　在这一章里，你了解了自己正在随着每一个想法、动作和感受而发生着改变。这是一个好消息，因为这意味着你不是一成不变的。你可以成长，你可以变得更好。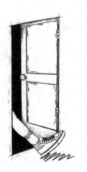

▪ 提升灵活力

　　在本章中，我们向你介绍了自我视角和社会视角。在本书的其余部分，你将练习使用这些视角为自己的生活创造价值。

√ **自我视角**：当你发现自己不能被
过去的错误（探索者行为）所定
义时，你就会使用这一视角。你
也不能被你的想法（建议者）或
感受（观察者）所定义。你远不

止是你的探索者、观察者和建议者，它们由你把控。当你认识
到这一点时，你就有能力改变和成长。

√ **社会视角**：当你试图理解他人也有一个探索者在指挥着他们的
行为，也有一个观察者在留意着身心的感受，还有一个建议者
在告诉他们应该做什么的时候，你就会使用社会视角。社会视
角将帮助你建立牢固的人际关系以及应对那些欺凌者。

你的下一步就是选择本书第二部分中的某个章节来阅读。
别忘了，这本书你不必从头读到尾，把注意力重点放在与你相
关的章节即可。

第二部分

聚焦你的技能

就像一条河流，你一直处在变化之中，每一步都不同。

古希腊哲学家赫拉克利特说过，你不能两次踏入同一条河流，因为这条河流已经改变了。阅读完本书第一部分之后，你已经发生了些许改变，即使你还没有注意到。希望你对我们进入聚焦技能这部分的学习感到兴奋。

当你开始在生活中练习使用 DNA-V 模型时，你就会像那条河流一样，为了迎接生活中的一个个挑战而不断地流动和变化着。当你止步不前时，当你陷入困境时，你都能很好地识别出来。

浏览这部分每一章节的标题，找到最适合你的内容，好好钻研。

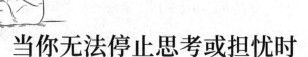

第 4 章

当你无法停止思考或担忧时

有时人们用想法回避生活。

——史蒂芬·奇博斯基（Stephen Chbosky），《壁花少年》

你为什么会读这一章

√ 你的思维似乎永远不会停止。

√ 你会事后批评自己的行为。

√ 你总是道歉。

√ 你想得太多。

你将学到什么

√ 如何识别思虑过多。

√ 你无法阻止自己思考的原因。

√ 运用 DNA-V 模型解决问题的
  八个步骤。

√ 烦恼时你可以做的五件事情。

你的建议者或你内心的声音，就像一个永恒的伴侣，它走在你身边，总是和你说话，试图保护你的安全，希望阻止你犯错。你可能在走廊里看到班上的一位女生，你的建议者或许会说："不要相信她。她正在说你的闲话。"你也许想放松一下玩一会儿电子游戏，而你的建议者可能会警告你："如果你不能按时完成数学作业，你会有麻烦的。"

你的建议者必不可少，尤其是当它给你救命的建议时，比如，"不要穿越铁轨，这很危险"，或者"不要吃那些食物，它们已经过期了"。建议者是如此有用，就像一位值得信赖、无所不知的朋友，以至于你会慢慢依赖上它。你甚至会相信它能帮你解决所有问题。

如果有什么事情让你感到压力巨大的话，你会向你的建议者寻求帮助。比如说，有人拿你开玩笑，让你在他人面前丢脸。你可能会想，他为什么这样侮辱我？你可能会问自己，我做什么了？他会这样对待别人吗？那就是你的建议者在问合理的问题。很正常，对吧？

但是假如你的建议者没有答案，怎么办？如果你搞不清楚为什么那个人给你使绊子，怎么办？你可能会花整个下午的时间去琢磨，为什么是我？我到底做了什么？我有什么问题吗？可能你晚上躺在床上还在想，当他侮辱我的时候，我其实应该说些讽刺的话，可惜我太笨了。第二天早上，睡眠不足的你可能会继续问你的建议者，为什么是我？

　　这种行为的简单说法就是思虑过度。如果思虑过度阻碍了你的生活，你将需要勇气来停止对你的建议者的完全依赖。放手吧，继续向前迈进。但是，放开建议者就如同放开一个防护罩，把自己暴露在危险之中，这不是一件容易的事。

　　放手并不意味着将担忧或穷思竭虑也一扫而尽。它意味着你要学会接纳——你的建议者并不是万能的。这意味着你要学会进入"观察者空间"或"探索者空间"，并与自己在乎的事物建立联结。

» 思虑过度：错误的虚拟旅行

　　每个人都有一个建议者，它考虑问题的方式有时本身就有问题。当我们听从了建议者而卡住时，我们就像被困在了一个虚拟的世界，就像下图中的四个年轻人一样，他们的身体在音乐会现场，心却在别处。

看看图中的菲奥娜，今天早上她和朋友们吵了一架。现在她担心他们会排挤自己。她已经被未来裹挟了，感到心里七上八下，想躲进浴室里，她觉得自己需要离开这里。

感受不是问题所在。菲奥娜并没有夸大感受，她只是被困在了**"未来的世界"**。

与此同时，保罗想起了两周前发生的事情。他在健身房的更衣室里被几个人嘲笑和辱骂，他的眼泪涌了出来。保罗是不是应该做些不同的反应呢？打回去？骂回去？

回忆不是问题所在。保罗没有错。但如果他不能把注意力转回到音乐会上，他就会陷入**"过去的世界"**。

我们再来看看塔莉亚。她正在批评自己，挑自己的刺，找一些原本并不存在的缺点。这不是过去也不是未来，这就像一个"不存在的

世界"。我们有时都会去那里走一圈，将自己痛打一顿。在这个"不存在的世界"里，塔莉亚讨厌自己的穿着，认为自己很胖，觉得自己有难看的黑眼圈。

自我评价不是问题所在。塔莉亚并不是疯了，她只是陷入了对**自我价值**的思考中。

现在来看看罗提姆。他对老师让他离开教室非常生气。几个正在讲话的家伙坐在他身旁，老师却只对他发火。罗提姆在想老师有多么讨厌自己，老师总是那么不公平。

评价他人不是问题所在。罗提姆不是一个坏人，他只是陷入了认为**他人不公平**的想法之中。

我们都可能像菲奥娜、保罗、塔莉亚和罗提姆那样做。他们正在自己的建议者世界里旅行。穿行于其他虚拟的时间和地点并不是问题所在，事实上，这是一种超能力。只是当他们被卡在虚拟世界里的时候，问题就来了。

» 你思虑过度的习惯是什么

是什么让你陷入困境？写出下列问题的答案。

1. 我沉迷于过去发生的事情，关于……

_____

_____

2. 我陷入了对未来的想象，关于……

_____

_____

3. 我总是想着自己，担心我会……

_____

_____

4. 我总是想着别人，担心……

_____

_____

》你无法 "就这样停止"

当你担心时，其他人通常会说："别再想它了。"你是否尝试过停止去想某件事，却失败了？好吧，这说明你是正常的！你有充分的理由继续思考，但是要找出原因，你需要玩我们的游戏——"到此为止"。

1. 拿出一支笔，把它别在耳朵上。轻轻地闭上眼睛，去感觉笔的存在。这支笔看上去会是什么样子？想象你坐在那里，耳后别着一支笔，就好像 20 世纪 40 年代的著名新闻记者，别人会怎么看你？

2. 现在我们来玩一个 "20 分游戏"。在接下来的 3 分钟里，不要想这支笔。每想到一次笔，你就扣 1 分。你的起始分数是 20 分。设置一个计时器，花 3 分钟时间凝视窗外或天空。每当你想到这支笔时，就用另一支笔在下面的空白处画一个叉。看看 3 分钟结束时，你最终的分数是多少？

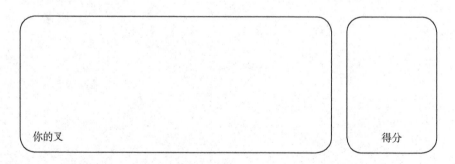

你的叉　　　　　　　　　　　　　　　　　　得分

你做得怎么样？人们往往很难控制自己的想法，哪怕在 3 分钟之内。这是因为我们无法控制自己的思想。我们无法让自己的建议者闭嘴。建议者一直在线，一直在监视我们，一直在寻找危险。

为什么？因为思考是它的工作。

就算你可以坚持 3 分钟不去想这支笔，你也很难做到一直不去想它。这是非常耗能的，很多东西都会提醒你，你的耳后有一支笔。

你的建议者会在那里不停地思考，提防危险，保护你的安全，帮助你解决问题。你不能把它关掉，因为它的目的就是让你时刻保持警惕，让你活着。所以，我们不能停止自己的想法，但我们可以训练自己的建议者，让自己有其他的选择。

我们有办法走出建议者的世界。

» 旅行计划 1：当你有一个"可以解决的"问题时，使用你的建议者技能

当你对某个问题有一定把握时，建议者最有可能帮助到你。回答下列问题，看看你的建议者会不会有助益。

√ 问题可以是假设性的（如果我永远找不到真爱怎么办？）也可以是真实的（有人在欺凌你）。你现在的问题是否真实？　　是 / 不是

√ 你的问题是否会很快发生？　　是 / 不是

√ 你对这个问题是否有一些把握？　　是 / 不是

如果你对其中一个或多个问题的回答是肯定的，那么在你的"建议者空间"里解决问题就有可能奏效。在这里，我们将阐明一个你可以遵循的简单过程，该过程会使你的建议者效率最大化。注意，当我们这样做的时候，我们不是仅仅停留在"建议者空间"。我们也会使用探索者和观察者。探索者、观察者和建议者三方通力合作时效率最高。在下一页，写下你对每个问题的回答。

◢ 运用 DNA-V 模型解决问题的八个步骤 ◣

1. **清晰地界定问题。**（要具体化。"我无法完成学习任务"是具体的；"我的生活一团糟"是模糊的。使用第一人称的声明来定义问题。）

2. **运用 DNA-V 的各个部分共同解决问题。**在这种情况下：

   我通常会这样做（探索者）：

   _____

   我通常会这样想（建议者）：

   _____

   我通常会感受到（观察者）：

   _____

   我很重视（价值）成为一个这样的人（写下你想成为什么样的人，而不是你想要的结果）：

   _____

3. **转换到观察者。**做几次缓慢的深呼吸，将注意力集中到自己身上。感受自己此时此刻坐着的感觉。慢下来，不用着急。如果你不确定在那种情况下该做什么，可以使用你的观察者技能。

4. **转换到探索者。**生成你可以尝试的解决方案。不要让你的建议者用类似"那太愚蠢了"或"我绝不会那样做"的言辞来说服你放弃解决方案。尽你所能想出更多的点子。

5. **转换到建议者**。考虑分析每种解决方案的优缺点。你可以使用下面的图表：

可能的解决方案	优势	劣势
_____	_____	_____
_____	_____	_____
_____	_____	_____
_____	_____	_____

6. **现在选择一项行动**。你想尝试什么？它对于实现价值有什么助益？

7. **观察此项行动可能产生的结果**。这样做会很难吗？会不会有不舒服的感受和想法出现？最重要的是，为了采取行动，你是否愿意为困难的想法和感受腾出空间？

√ 是的，我愿意体验困难的想法和感受并采取行动（前往步骤8）。

√ 不，我不愿意在实施这项行动时感到痛苦（回到步骤6）。

8. **采取行动**。既然已经准备好采取行动了，使用你的建议者技能来预料问题会很有帮助。想一想，什么会阻碍你的行动。

_____

_____

如果（描述这项行动可能会遇到的阻碍），我会（描述如果遇到阻碍你会怎么做）。

如果：_____

我会：_____

» 旅行计划 2：接纳并拥抱你的建议者

有一些问题终究是你的建议者无法解决的（例如父母离婚、对健康的恐慌、很久以前的遗憾）。如果你担心自己无法控制某事，你就会知道自己存在这种问题。那么你该怎么办呢？请记住，你无法让你的建议者闭嘴。它也不会允许你那么做。但你还是可以做一些事情的。

√ **安排一次"担忧会议"。** 在一天中，给自己留出 30 分钟时间专门用来发愁，什么也不做。这就好比你告诉自己的建议者："我们今晚七点半聚在一起担忧吧。"你的建议者通常会对这样的安排感到满意。如果你不留出一点时间来担心，你的建议者就会坐立不安，因为它会觉得自己没有尽到照顾你的责任。它会一直担心下去。在睡前至少 3 个小时召开"担忧会议"，不要太晚，以免影响你的睡眠。此外，如果可能的话，选择一个较为固定的担忧时间和地点。

√ **表达自己的思想。** 花 20 分钟时间把你的烦恼和忧愁都写下来。这样做不是为了解决问题，而是为了自我表达。用接近意识流的方式写下你最深切的想法和感受。这个过程可能不会令你的烦恼停止，但能防止烦恼把你压垮。

√ **建立新的建议者规则。** 如果某个朋友有着跟你一样的烦恼，你会给他们什么明智的建议？看看你是否能给自己同样的建议，从而更轻松地应对所面临的一切。你可以这样建议："没关系，都会过去的。""只要坚持下去，就会有办法应对。""过去的已经过去，你无法改变，还是从现在开始竭尽全力吧。"（要确保新规则不会让你的建议者闭嘴，尽管你已经发现了：让它闭嘴是行不通的。）

√ **活在当下。** 注意你周围的事物。你可以随时这样做。做几次缓慢而深长的呼吸。留意你看到的东西。觉察你此时此刻就在这里。你打算做什么？你能否照顾好自己，做一些好玩的事，或者发现一些有趣的事情呢？去做吧，不要只是想！

√ **决定进入价值领域。** 好好想想那六种让你幸福的方法（见第 1 章）。投入一项幸福的活动吧，带着你的烦恼一起上路。

√ **回顾第 2 章中的"接纳"和"行动"步骤。** 不管怎样，看看你能否接纳你的烦恼并采取行动。如果烦恼并没有阻止你去做你认为重要的事情，那么它们很快就会失去对你的影响力。

你的人生，你做主

▪ 随心前行

对于你来说，这也许是最重要的练习。练习带着你的烦恼和忧愁，继续去做对你来说重要的事情。不要让这些烦忧阻止你的行动。只要你继续做你所看重的事情，你的烦恼和忧愁就不会真正发挥效力，它们就如同另一个房间里收音机发出的声音一样，会逐渐消失在背景之中。

▪ 拥抱变化

　　我们经常需要改变自己与建议者之间的
关系。我们表现得好像是处于建议者的掌管之
下，但实际上我们自己才是生命的主人。我们
需要自我负责。这并不意味着让建议者闭嘴，
而是意味着当建议者提出的建议对我们有益时
就听它的，无益时就不要听。建议者并非圣
贤，它并不知道所有问题的答案，也无法总能
给予我们保护。有时候，你需要舍弃建议者，
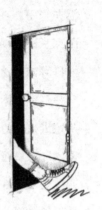
就像舍弃一个不再有用的工具一样。全身心投入你的生活，新
的事情就会发生。

▪ 提升灵活力

　　在接下来的一周，当你思虑过度或担忧时，练习使用你的
DNA-V 技能：

- ✓ **探索者**：当你冒险和尝试新事物
  时，你要乐于把你的烦忧带在身
  边。别让它们阻止你探索人生。
- ✓ **观察者**：当你发现自己思虑过多
  时，让自己活在当下。比如，做

五次缓慢的呼吸，然后注意你周围的五件物品（参阅第 2 章的 ACT 专注练习）。不要总待在你的"建议者空间"里。

√ **建议者**：如果你相信问题是可以解决的，就使用之前在本章学到的"运用 DNA-V 模型解决问题的八个步骤"。如果你担心这对解决问题没有帮助，那就留出时间专门用来担心（开一次担忧会议）。

√ **自我视角**：当你陷入困境时，记住，你远不止是一个建议者。你是那个拥有建议者的人，你可以转换到你的"观察者空间"或"探索者空间"，或者考虑什么对你来说是最有价值的。你能找到自己前进的道路。

√ **社会视角**：当你和你那忧心忡忡的建议者在一起时，你是否会感到孤独，就好像跟它一起被困在洞穴里一样？与其这样，不如把其他人也邀请进洞穴里来吧，去向你爱的人倾诉烦恼。当你的建议者不得不为别人歌唱时，它也许会换一种腔调。

第 5 章 ·················

当你焦虑或紧张时

我们的无畏将成为我们的秘密武器。

——约翰·格林（John Green），《无比美妙的痛苦》

你为什么会读这一章

√ 你总是觉得有不好的事情要发生。

√ 你经常会感到危险。

√ 你一直在试图控制自己的感受和想法，但似乎控制不了多久。

√ 你回避做一些事情，这样就不会感到害怕。

你将学到什么

√ 为什么焦虑是现代生活的正常组成部分。

√ 焦虑在你的生活中是什么样子。

√ 如何放弃那些为消除焦虑而做的无望的尝试。

√ 如果愿意感受焦虑，你就可以去做对你来说最重要的事情。

焦虑?

焦虑,你在那儿,是吗?

哦,是的,你还在那儿。

怦,怦,怦,怦。

该死的。我的心又开始狂跳了。我受不了了。

怦,怦,怦,怦。

哦,天哪。我需要睡觉。明天还有考试。如果睡不着,我考试就会不及格,这门课就过不了啦。

怦,怦,怦,怦。

我的心跳慢不下来。该不该告诉其他人呢?这可能很严重吧。我该怎么办呢?

呼吸。他们总是叫我呼吸。

呼吸。

呼吸。

马上冷静下来!

该死的。他们总是叫我呼吸,可这不管用啊。

上面这些都是焦虑的声音。当你感到焦虑时,就会陷入这样的状况:你的想法、感受、言行举止都好像身处于危险之中。你的 DNA-V 技能可以帮助你摆脱焦虑的状况,它们是你的秘密武器。

» 我们生活在一个令人焦虑的世界

我们人类有很多担忧。对自己的担忧,比如:我是不是太胖了?

我是不是太不受欢迎了？我是不是太懒了？对未来的担忧：我的成绩够好吗？我能找到工作吗？真爱存在于某个地方吗？还有对世界的担忧：地球是不是正在变热？我走在大街上安全吗？我们有太多的责任：学校的作业、课外活动、家务活、工作。此外，我们把自己跟每天向我们呈现各种图片和故事的社交媒体连在了一起，这会引发更多的担忧。难怪我们会感到焦虑。

焦虑在现代文明中已经变得非常普遍，约有五分之一的年轻人表示，他们对自己的焦虑程度感到非常担忧或紧张，以至于睡眠、学习和社交都受到了较为严重的不良影响。这意味着一间 20 人的教室里至少有 4 个人可能处于高度焦虑。你能找出焦虑的人吗？你也许可以猜对一些，但不会是全部。大多数人都会把焦虑掩藏得很好，或许你也是其中一员。

那么，焦虑是什么样子呢？下一页列出了当你焦虑、紧张或担心时，你的身体和内心有可能出现的一些常见现象。为了帮助你更加全面地理解，我们将它们划分到观察者、建议者和探索者三个部分之下，这样你就可以知道哪些技能是你的短板，哪些技能还需要提升。

观察者

你的身体会发生什么：

» 崩溃

» 恐惧

» 麻木或刺痛

» 害怕

» 惊恐或心跳加速

» 吃惊

» 呼吸急促

» 呕吐、恶心或胃痛

» 肌肉紧张和疼痛（例如背部或下颌酸痛）

» 出汗或发抖

» 心不在焉、头昏眼花或虚弱无力

» 感到自己与身体或环境处于分离状态

» 睡眠障碍（难以入睡或嗜睡，睡眠不宁）

建议者

你可能会想些什么：

» 为很多事情担忧

» 关于灾难的想法

» "我要疯了"

» "我无法控制自己"

» "人们在评判我"

» "我不应该那样说"

» 担心梦想破灭

» 反复思考已经做出的选择

» 难以集中注意力

» 说服自己不想做某事

» 认为自己有生理问题，比如心脏病

» 觉得自己不对劲

» 无法阻挡的侵入性想法

探索者

你可能会做些什么：

» 退出社会活动

» 克制不住用某些仪式来缓解焦虑（反复检查门锁，以特定的方式做事）

» 回避不确定或感到害怕的情境

» 待在家中以保安全

» 回避做决定

» 表现较差或成绩不佳

» 回避重要的活动

» 在身体状况良好时求医问药

» 过度寻求安慰

» 强迫性使用网络或社交媒体

» 竭力回避焦虑

焦虑的症状很痛苦，回避它们是人之常情。但有时候顺其自然并不是最好的选择。花一点时间在下面的表格中对这一问题做更深入的探索。

◢ 焦虑回避策略能改善你的生活吗 ◢

花些时间回答下列问题来进一步探讨这个问题。

为了停止焦虑，你可能去做的事情：	从长期看，它管用吗（不只是一天或一周）？	如果使用这个策略，你可能会付出什么代价？
✓酗酒	○是 ○有时 ○否	＿＿＿＿＿＿
✓避免可能使你焦虑的所有活动	○是 ○有时 ○否	＿＿＿＿＿＿
✓回避人群	○是 ○有时 ○否	＿＿＿＿＿＿
✓攻击令你感到焦虑的人	○是 ○有时 ○否	＿＿＿＿＿＿
✓谨小慎微，这样就没有人会注意到你了	○是 ○有时 ○否	＿＿＿＿＿＿

√ 回避直面欺凌者	○是 ○有时 ○否	＿＿＿＿＿＿
√ 拖延	○是 ○有时 ○否	＿＿＿＿＿＿
√ 通过看电视、使用社交媒体、玩游戏等方式分散自己的注意力	○是 ○有时 ○否	＿＿＿＿＿＿
√ 关闭所有的情绪	○是 ○有时 ○否	＿＿＿＿＿＿

你有没有注意到许多回避策略会让你失去你所在乎的一些东西？那些善于运用探索者、观察者和建议者技能的人也会经历焦虑，但他们已经懂得了重要的一点：之所以会感到焦虑，是因为自己在乎。他们会因为在比赛中表现不好而感到焦虑，因为自己想表现得更好。他们会因为被某人拒绝而感到焦虑，因为自己想要与对方建立联结。值得去做的事情都难免会令人害怕。

你愿意放弃对焦虑的控制吗？你愿意让你的生活多一些有意义和有趣的事情，而不是想方设法消除所有的焦虑吗？

与焦虑做斗争就像跟怪兽进行拔河比赛。焦虑怪兽喜欢拔河，你越跟它较劲，它就会变得越强大。如果争斗不起作用，那你能做什么呢？你可以放开绳子，停止争斗，选择愿意体验自身的感受，这样做将有助于你的生活。现在让我们来学习"愿意"。

是时候重申你的价值了。

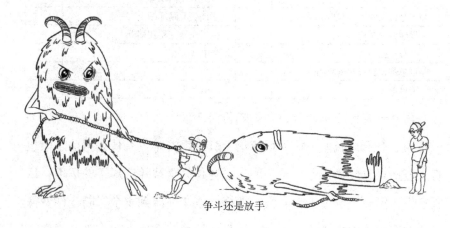

争斗还是放手

» 和你的建议者开玩笑

理解"愿意"的一个有趣方法是玩我们的游戏——"你愿意吗？"请对下面的选项进行思考，然后在符合你意愿的选项旁打钩。答案没有所谓的正确或错误。你也可以叫上你的朋友来做这个小测验，共同获得乐趣。

◤ 小测验："你愿意吗？" ◢

住在一所魔法学校里		住在一个荒岛上	
参加一个活动，感受惊喜		像《星球大战》中的达斯·维德一样呼吸	
预知你明天的感受		能够活在当下	
享受一个梦幻假期		在自己的家乡过日子	
永远戴着连指手套		永远只喝黑咖啡	
和安全可靠的人一起出去玩		跟能够激励你的人在一起	
活得谨慎，避免出错		生活充满惊喜和神奇	
身上有穿孔		身上有文身	
通过忘却，让一些东西消失		梦想成真	
坚定自信		不被看见	

再看一遍这个小测验，在你的价值选项旁边打一个钩。有些选项只是为了好玩，我们不认为戴连指手套比喝咖啡更有什么价值。但也有一些选项对你来说是有价值的。哪些是你重视并选择了的选项，尽管它们可能有点难做？你有没有选择一些让你感到安全、防止你变得焦虑的选项？如果你选择了一个不那么轻松的选项，我们就会说你在这种情境下"愿意感受痛苦"。

你怎么选都行。这个游戏只是为了让你了解自己的焦虑是怎样影响你的，以及你该如何选择与它共处。选择愿意与焦虑共处，这样你的生活才有价值。

» 选择愿意而非回避

如果你改写了自己的生活脚本会怎样？如果你愿意接纳不安与焦虑进入你的生活，而不是试图回避它们，那会怎样呢？听起来有点疯狂，是吧？你为什么要接纳？如果接纳生活中的不安意味着你得到了更多的友谊、爱和成功，而不是更少，你会这样做吗？

你可以问自己一个关键的"愿意"问题，从而改写回避脚本。现在你可以通过思考这个问题的答案来进行练习：

我愿意为了（插入一些重要的、你想要的东西，比如朝着友谊、成功而努力，过自己想要的生活）**而感受痛苦吗**？

_____

_____

如果你说"是的，我愿意"，那么你已经知道自己愿意做什么了。如果你说"不"也没有关系，在你准备好之前还有很多的练习。可替换的脚本类似这样：

我不愿意感受痛苦，所以我不会（插入你不想做的事情，因为它太痛苦了）。

_____

_____

我们无法控制自己的焦虑程度，但对于自己为什么会感到焦虑，我们确实有一些话语权。每当面对一件令人焦虑的事情时，我们可以反过来问自己一个简单的问题：为了做这件有价值的事，我愿意感受焦虑吗？如果这件事情很重要，我们可以说："愿意，我要做这件事。"如果不重要，我们可以说："不愿意，这太让我焦虑了。不值得。"在下一页做一个小测验，看看你什么时候能准备好打开愿意开关。

▪ 将生活脚本翻转为"是" ▪

行动	你为什么要这样做?这样做对你来说有价值吗?	从0(无焦虑)到5(极度焦虑),如果这样做,你的焦虑分值是多少?	为了采取行动,你愿意感受这种焦虑吗?
✓ 与你感兴趣的人交谈	_____	_____	○是 ○否
✓ 独自参加聚会	_____	_____	○是 ○否
✓ 参加压力巨大的体育比赛	_____	_____	○是 ○否
✓ 在一大群人面前做演讲	_____	_____	○是 ○否

现在,列出一些可能会引发你的焦虑的行为。评估你的焦虑程度以及你是否愿意感受焦虑。

✓(其他行为)	_____	_____	○是 ○否
✓(其他行为)	_____	_____	○是 ○否

　　这是一个令人焦虑的世界。如果你发现自己陷入了焦虑，关键是要心甘情愿地把焦虑带在身边，朝着你的价值方向不断前进。如果你发现自己卡住了，就可以使用你的探索者、观察者以及建议者技能，让它们轮番上阵，看看谁的效果最好。

　　没有人能告诉你什么时候该对意愿说"是"。这里没有所谓的正确答案。你要自己选择。不过我们知道一件事，那就是快乐的人会对一些事情说"是"。今天，你会对什么说"是"？

有时候，我们必须愿意感受痛苦才能得到更好的东西。

你的人生，你做主

▪ 随心前行

　　带着焦虑生活并不总是那么容易。有时候，你可能会重新陷入回避焦虑的状态，不过这没有关系。如果你学会在焦虑时转换你的视角，提醒自己你的价值方向以及怎样才能达成目标，那么你就会变得更加强大，你  的生活也会因此变得更好。你会过上自己想要的生活，而不是活在焦虑不安之中。

▪ 拥抱变化

　　我们常常需要改变自己与焦虑的关系。焦虑不是我们的敌人。当你在乎某事的时候，就会感到焦虑。你可以心甘情愿地选择感受焦虑，去做你看重的事情，而不是与焦虑做斗争。看看你能不能完成本栏目之后的周记。当你为了做一些重要的事情而甘愿让自己感受焦 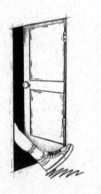 虑时，把它记录下来。要记住，你不必去做什么大事或超级可怕的事情。你可以选择做那些只会引起一点点焦虑的事情。哪怕是小小的行动，也会改变你的人生。永远不要低估对意愿说"是"的力量。

▪ 提升灵活力

在接下来的一周，当你发现自己因为焦虑而回避某事时，练习转换你的视角。

✓ **探索者**：迈出一小步，做你在乎的事情，带着你的焦虑一起上路。

✓ **观察者**：如果你感觉到胃部不舒服，就做几次缓慢的深呼吸。

对自己说"我感到焦虑，但我可以持有这种焦虑，继续前进"。

✓ **建议者**：如果你的建议者用担忧折磨你，你就要提醒自己"建议者所担负的工作是警惕危险。它并不总是对我有帮助。谢谢你，建议者，谢谢你告诉我这些想法，但我会继续前进"。

✓ **价值**：提醒自己"为了做我看重的事情，我愿意感受焦虑"。

✓ **自我视角**：提醒自己"我带着自己的焦虑，所以我并不只是焦虑。焦虑并不能定义我是谁。我的生活充满了可能性"。

✓ **社会视角**：提醒自己，其他人可能也会感到焦虑，只是外界很难看到而已。练习透过他人的眼睛看事物（详见第6章中的"内在－外在视角"）。

周记

将本周你愿意感受焦虑的时刻记录下来。

对我来说很艰难的行动：	这一行动背后的价值是什么？	我的焦虑程度有多高：0（无焦虑）到5（极度焦虑）？
_____ _____ _____ _____	_____ _____ _____ _____	
_____ _____ _____ _____	_____ _____ _____ _____	
_____ _____ _____ _____	_____ _____ _____ _____	
_____ _____ _____ _____	_____ _____ _____ _____	

第 6 章

建立良好的人际关系

> "但我似乎不能相信任何人。"佛罗多说。山姆不快地看着他。"那全取决于你想要什么,"梅里插嘴说,"你可以相信我们会与你同甘共苦。你可以相信我们会为你保守任何秘密——比你自己保守得更严密。但是你不能相信我们会让你一个人去面对困难,然后一言不发地走掉。我们是你的朋友,佛罗多。"
>
> ——J. R. R. 托尔金 (J. R. R. Tolkien),《指环王:护戒使者》

你为什么会读这一章

√ 你很难与一些人建立联结。

√ 你和朋友或家人吵架。

√ 人们伤害过你。

√ 友谊和爱情里都隐含受伤风险的说法令你困扰。

√ 你害怕受伤。

你将学到什么

√ 是什么让别人想和你一起出去玩?

√ 是什么让你想和别人一起出去玩?

√ 如何使用 DNA-V 模型建立人际关系。

√ 发现你的超能力:内在–外在视角。

√ 强大的友谊法则。

让我们用猜谜语来开启本章的学习和探索：猜一猜是什么问题。这个问题搅扰你的程度越高，你在以下四个方面的水平就越低。

1. 计划和解决问题的能力
2. 睡眠的质量
3. 情感上的满足
4. 长寿的概率

你猜出来了吗？问题的答案是孤独。研究表明，与每天抽十支烟或不良的饮食习惯一样，孤独是导致死亡的高风险因素。作为人类，我们是彼此需要的。毫不夸张，人际关系对我们来说就像维生素和矿物质。

生而为人，最难的一点就是我们需要别人，而这种需要还让我们害怕。想象一下，你很喜欢一个人，想邀请那个人外出约会。当你听到对方说"好啊"或"不行"时，想想你的情绪感受会有什么不同，是不是仿佛"一念天堂，一念地狱"？我们都会面临一个问题，那就是没有社交恐惧就没有社交联结。它们如同一枚硬币的两面。

如果我们想要真正与他人联

结，我们就需要为害怕受伤的恐惧留出空间。我们需要愿意去感受。这又回到了我们在第 5 章中介绍的意愿问题。思考下面这个问题：

你是否愿意为了体验与人交往的快乐而感受被他人拒绝的恐惧？

你愿意拿起人生硬币吗？一枚普通硬币的一面是正面，另一面是反面；人生硬币也一样，一面是联结，另一面是恐惧。要拿起这枚硬币，你必须对两个面都说"是"。

如果你现在还不能用一声响亮的"是"来回答这个问题，也不必担心。你可以通过本章的学习来发展你的 DNA-V 友谊技能。因为人类需要彼此联结，人际关系往往是大多数人所持有的共同价值，所以我们将从价值这个中心开始。是什么让你对别人有价值？是什么让别人对你有价值？

» 好朋友是什么样的

你有没有想过，是什么让你交到了一个朋友？每个朋友可能都不一样，但真正的朋友会让你觉得自己很好、很安全、被支持。在下面这张表中，看看哪些友谊特质对你来说是最重要的。把你首选的五项写下来。

这个练习你可以自己做，也可以与朋友分享。如果你和朋友一起完成，就选择你在他们身上看到并欣赏的特质。祝你们开心，要彼此关注而非只关注自己。

◢ 好朋友的特质 ◣

○ 值得信赖　　　　　　　○ 与我志趣相投

○ 谈论有趣的事情　　　　○ 聪明

○ 开心　　　　　　　　　○ 有吸引力

○ 受欢迎　　　　　　　　○ 让我知道他们的感受

○ 喜欢体育运动　　　　　○ 不评判我

○ 倾听我说话　　　　　　○ 让我自我感觉更好

○ 令我欢笑　　　　　　　○ 待人友善

○ 忠诚　　　　　　　　　○ 支持我

○ 擅长讲故事　　　　　　○ 让我心情好

○ 宽容，不记仇　　　　　○ 有创造性

○ 乐观（通常心情不错）　○ 善于规划事情

其他特质：_____

_____

_____

_____

现在再来回顾一下友谊的特质。你拥有其中的哪些特质？

成为一个好朋友需要哪些特质？当你试图回答这个问题时，留意你的建议者在做什么。当你尝试寻找自己的积极特质时，它会对你挑刺吗？如果会，那很正常。要记住，建议者的工作是保护你的安全，防止你社交失误。它会搜索你存在的问题，找出你表现得像一个坏朋友的原因。它可能会说你缺乏吸引力、不够聪明、不好玩、挺无趣……

在与他人相处时，每个人的建议者都能找到担心的问题。假如每个人都能看到别人在想什么，我们就会意识到其实所有的人都在担心，那样我们也许会少担心一点。但我们不能。相反，我们得学会如何只在建议者的话有益时才听它的，也就是说，当建议者帮助我们建立联结时才听它的。

所以，现在先忽略你那爱挑剔的建议者，然后写五件能让你成为一个好朋友的事情。你可以使用前面的"好朋友的特质"清单来激发你的灵感，或者写下清单上没有的东西。

_____

_____

_____

_____

_____

真正的友谊

我一直在你身后支持着你！

◢ 哪些人构成了你的交际圈 ◤

现在既然你已经知道了什么样的人会成为自己的好朋友，接下来我们来看一看你更广阔的人际关系圈。根据大家在你当前的社交生活中与你的亲密程度，在下图相应的地方写下他们的名字。你可以将朋友、家人、老师甚至宠物都纳入其中。把那些你信任和喜欢的人放在离你最近的地方。把有时会和你在一起或者你偶尔接触的人放到远一些的地方。

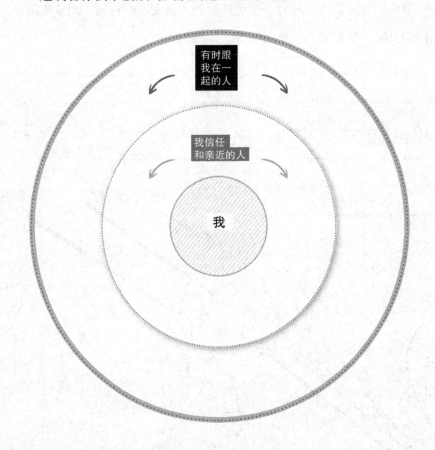

你觉得自己的社交网络怎么样？你对它满意吗？有没有发现什么惊喜？有没有一些人比你意识到的更亲近你，还是觉得彼此的距离更遥远？我们的人际关系在以意想不到的方式发生着变化。

你有没有看到一些你想与之改善关系的人？也许你想花更多的时间和他们在一起，享受更多的乐趣，或者减少争吵。请在你想亲近的人下面划线。

你想给你的社交网络增添新朋友吗？也许你想更改你的社交群，或者建一个新的。如果你已经决定要改善你的社交网络，接下来的两部分内容可以帮助你思考如何做到。

» 使用 DNA-V 技能建立人际关系

从前面的练习中选择一个你想亲近的人。你有没有跟这个人发生过争论，或者有时感到对方很难相处？如果你是人类而不是机器人，那么答案自然是肯定的。希望你在下面的 DNA-V 视角转换时，回想这个人以及你们陷入过的困境。

首先，与你的观察者一起安住当下。做几次缓慢的深呼吸。在任何困难的社交场合，记得停下来，深呼吸。这样会让你为做出最好的选择做好准备。

回想一个你渴望亲近的人。他可能是你的朋友、父母或其他人。回想这个人让你心烦的时候，在下面写下对方让你心烦的原因。

_____

_____

_____

_____

_____

现在，围绕DNA-V转盘走一圈，一边走一边回答每个部分的问题。你可以在网站http://dnav.international下载一张空白转盘图。

或者你也可以将本书末尾所附的空白转盘图复印一份。

你可以从 DNA-V 转盘的任何地方开始，不过我们发现一般最好是先完成观察者（N）和建议者（A）的问题。然后再完成探索者（D）和价值（V）部分。一旦你知道了自己的感受（N）和想法（A），并为它们留出空间，你就有可能更愿意尝试新事物（D），从而明晰价值（V），笃定前行。

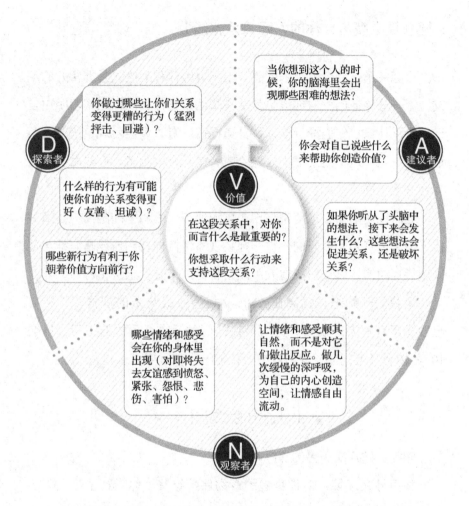

当你回答完 DNA-V 转盘中所有的问题时，你有望在关系中尝试一些新的东西来创造价值。你可以试着进行一次诚恳的谈话，询问对方的感受，提供支持，敞开自我，或者如果觉得这段关系目前对你来说太难的话就从中退出。我们并不知道在你所处的特定情况下什么是最好的，但如果你开始进行 DNA-V 技能转换，你就会发现什么对你来说是最好的。

» 建立社会视角：你的人际关系超能力

人际关系往往令人感到困惑。上一分钟你和某些人是非常好的朋友，下一分钟他们就对你很生气并在背后议论你，而你压根不明白自己做错了什么。你们渐行渐远，分道扬镳。有时你会发现这段友谊不适合你，也许这个朋友很不成熟，或者是一个欺凌者。你能做些什么呢？答案是很多。

你可以使用社会视角来与现实情况保持一段明智的距离，搞清楚接下来怎么走才是最好的一步。社会视角包括你看到自己是怎样与他人进行互动的，以及猜测他人可能会有什么感受、想法和行为。

让我们开始吧，就像在 DNA-V 模型中经常做的那样，先让自己置身于观察者的位置。你可以在任何时间进行下面的练习，只需10 ~ 20 秒（但记住，使用观察者技能时千万不要着急）。

▪ 由外而内的"观察者" ▪

1. **呼吸**：做几次缓慢的深呼吸。

2. **注意外在环境**：对你身边的事物保持觉察。你听到了什么声音？留意它们，哪怕是很小的声音。你看到了哪五样东西？

3. **觉察内在身心**：从头到脚扫描你的身体。你留意到什么感觉了吗？请描述一下你现在的感受。

当你以这种方式进入"观察者空间"时，你就不会对自己的感受或想法反应过度。你可能会对朋友感到生气，但不会想要伤害他们。你可能会对别人将要对你说的话感到害怕，但不会设法回避他们。你的观察者会给你一个可以依靠的坚实基础。

记住这个简单的方法，通过这三个步骤让自己安住当下：呼吸，注意外在环境，觉察内在身心。就是这样。

❖ 由内而外的视角 ❖

现在你的身心都已经安顿下来，你已经准备好使用你的社会视角了。这个练习涉及从内在和外在去观察人际关系中的你自己。你也以这种方式去观察其他人。关键的步骤都在下面这张表格里。（如果你想再做一次练习，可以在 http://dnav.international 下载这个图表。）

视角	你	他们
内在	1. 我的想法和感受是怎样的？	2. 如果我是对方，我会有什么样的想法和感受？
外在	3. 从外在来看，我是什么样子？	4. 从外在来看，对方是什么样子？

1. 当你回想起自己在人际关系方面出现问题的时候，你的感受如何？除了愤怒，还有其他的感受吗？请把它们写在"内在＋你"象限中。

2. 想象一下，假如你能进入朋友的身体，可以体会他们的想法和感受。与你的关系出现问题时，他们会有怎样的感受？记住，你只是在这里猜测而已。你有可能猜错。人们并不能实施读心术。关键是要从你朋友的角度而不仅仅是你自己的角度去设想。把你最好的猜测写在"内在＋他们"象限中。

3. 现在，停下来想一想你在朋友的眼里是怎样的。他们会看到什么？你表现出愤怒了吗？还是试图隐藏它，让自己看起来很酷，无所谓，甚至是无聊？填写"外在＋你"象限。

4. 最后，其他人从外在看起来是什么样子？他们看上去生气、冷漠、若无其事，还是什么样？填写"外在＋他们"象限。

　　看看你写下的答案。你从运用社会视角来解决问题中学到了什么？

内在和外在视角

可能你会发现，从外在看事物的角度与从内在看的角度是不同的。通常，我们从表面上看到的并不一定是内在所发生的。每个人都会隐藏自己的感受。通常我们会试图隐藏自己的不安全感和恐惧，这意味着几乎每个人看起来都比他们内心的感受更加自信、更无所畏惧。

为了建立良好的人际关系，我们需要超越表象；我们需要了解自己和他人的内心发生了什么。但记住，当你试图了解别人的内心时，那只是自己在做猜测。你不应该认为你是对的。与他人敞开心扉聊聊吧，当你了解他们的真实感受时，你可能会改变最初的假想。还有一种可能：如果你试着了解朋友内心的感受（尤其是在艰难的情境下，比如在你们吵架时），相比流于表面的观察，你能够更好地理解和回应你的朋友。

» 友谊的经验法则

没有任何友谊法则是万能的，所以我们称其为经验法则。这些法则通常是有效的，但并不总是有效。别忘了使用你的探索者技能来检验什么对你有效。下面是一些有助于建立良好人际关系的方法。

1. 惠利他人有利于建立友谊。帮助他人，支持他人。不求回报地做好事。

2. 良好的人际关系是双向的。惠利他人并不意味着你要当一个受气包，一个让他人利用自己的人。记住，良好的人际关系意味着对方有时也会为你付出，而不是一直谈论他们自己或利用你。

3. 扫兴之人朋友少。找寻一些建立友谊的方法。有时候表现得消极一些并没有关系，但是当你可以做到时，试着寻找真诚的方法让自己在人际关系中保持积极。你的朋友们希望自我感觉良好，想要玩得开心。寻找那些建立人际关系的真正方式（想一些有趣的事情来做，在别人值得称赞的时候不要吝惜你的赞美之词，别总是跟朋友抱怨自己做的事情）。

4. 有智慧地分享。分享、分享过度和分享过少，了解这三者之间的区别。当你过多地谈论自己，导致对方想要远离你时，就说明你分享过度了。当你跟他人保持距离、深藏不露时，就说明你分享过少了。分享过度和分享过少都会对友谊造成损害。分享你的生活片段很重要，但要适量。我们无法具体说明这个数量是多少，因为它取决于不同的情况。可以使用你的探索者技能去尝试不同层级的分享，看看哪种效果好（如果你需要查看如何去做，回到第 2 章的探索者部分）。

5. 给予朋友关注。与他人谈话时，你是否与对方有眼神交流？你知道对方在说什么吗？人们往往喜欢你用心地去听、去看他们。当有人跟你说话时，请把电子设备收起来，全神贯注地听他们讲话。你这样做会让他们感觉很好。

6. 评判和批评是友谊的毒药。人们讨厌被评判的感觉，确实很讨厌。破坏友谊最快的方法就是在对方不应该被评判的时候，从道德的角度去评判一个人。（类似这样的言语："你是一个坏人。你撒谎。你不值得信任。"）做这些道德评判时要小心。当你这样评判别人时，你是否使用了社会视角技能？如果你急于评判或评判得过于苛刻，就会招来朋友的建议者，它们会对你进行反驳。一开始，朋友的建议者可能会把矛头指向他们自己（例如，他们会对自己说"我是一个坏人"），但很快他们就会让建议者指向你。然后，他们会利用建议者对你展开攻击（"坏人不是我，你才是坏人"）。如果朋友做的某件事让你不开心，就把关注点放在他们的行为（"我不喜欢你那样做"）上，而不是他们这个人本身（"我认为你不忠"）。

7. 增强意愿力。意愿意味着有时为了有机会与他人联结而甘愿承担受伤的风险。意愿还意味着当一段关系变得极为棘手时，能够断然离开。

8. 愿意道歉（但不要过分道歉）。我们在人际关系中都会犯错。你愿意为了建立关系而道歉吗？真诚地道歉可能是最难做的事情之一，但如果你认为自己伤害了另一个人，我们还是鼓励你去道歉，看看接下来会发生什么。你可能会感到惊讶。要知道，你的道歉可能会缓解你们之间的紧张关系，让你们的友谊更加牢固。

9. 社会视角是你的超能力。每当你和朋友陷入困境，或者你只是想和某人更加亲近时，暂停片刻，然后练习以内在和外在的社会视角对你和朋友进行观察。猜一猜，他们会有什么样的感受？他们的外在表现是什么样的？你内在的感受和外在表现又如何？

10. 社会视角并非所向无敌。人们会隐藏自己的感受。你的朋友也可能会在生活中遇到困难。也许他们正在经历家庭破裂、经济压力、兄弟姐妹生病，或者遭受邻居欺凌。这些从外界通常是看不见的。在你想亲近朋友时，或者当你觉得他们可能需要你的支持时，你可以用社会视角技能来猜测朋友的内心发生了什么，但请记住，要对自己错误的猜测保持开放的态度。

你的人生，你做主

随心前行

常常回看你的核心价值，提醒自己在人际关系中什么对你来说才是最重要的。当你的建议者对你提出批评，让你想要攻击自己的朋友时，停下来，回想你之前列出的关于如何成为一个好朋友的清单。就按照上面说的去做。

拥抱变化

聚散离合终有时。人际关系变化无常。拥抱那些发生在你和你爱的人身上的变化吧。这会为你提供最好的机会，让你拥有真诚和相互支持的关系。

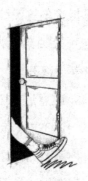

提升灵活力

在接下来的一周，当你想要建立良好的人际关系时，就练习使用 DNA-V 技能：

√ **探索者**：探究加强人际关系的新方法。它们可能包括随意的友善行为，或者在你与某人交谈时给予他们全然关注。回到本章的练习，想一到两件你打算尝试的事情。做出承诺，比如你将尝试一项新的社会活动。

√ **观察者**：暂停一会儿，然后决定你是否愿意体验一些强烈的感受，甚至是痛苦；是否愿意为你的人际关系尝试新的举措。如果你愿意，那就试一试。

√ **建议者**：践行新举措最好的方法是了解潜在的利益和可能的付出。这个新举措可能很难，因为……（试着想想此举潜在的困难或成本）。这个新举措可能会有好处，因为……（试着想想此举将会如何改善你的生活并契合价值）。

√ **自我视角**：当你在人际关系中犯错时，试着像对待好朋友那样善待自己。

√ **社会视角**：做内在－外在视角的练习。记住，人们的外在表现往往与他们的真实感受有所不同。练习换位思考，看看你能不能通过理解来与他人建立联结。

第 7 章 ···················

应对欺凌

　　我曾任人欺凌，是因为我害怕，不知道该如何保护自己。后来，我阻止了一名新生被人欺凌。通过为他挺身而出，我学会了为自己挺身而出。

——成龙，著名功夫明星

你为什么会读这一章

√ 你不确定他人的行为是不是属于欺凌。

√ 你一直在遭受欺凌。

√ 你经常感到被朋友们伤害。

√ 你在社交媒体上受到欺凌。

你将学到什么

√ 什么是欺凌，什么不是。

√ 是什么让欺凌者伤害别人。

√ 如何掌握一些新技能。

√ 如何解决某个具体的欺凌问题。

　　在上一章，我们已经讲过，人类对友谊和联结的需要几乎等同于对食物和住所的需要。这就解释了为什么失去社会关系或被人欺凌是人生最痛苦的经历之一。

　　事实上，人们经常欺凌他人。我们谁也无法避免遭受他人的欺凌，即使是那些恃强凌弱的人也一样。举例来说，研究显示，超过半数的年轻人在过去两个月中都经历过言语和（或）社交欺凌。想一想，如果你和其他 20 个人同在一间教室里，大约一半的人最近都曾遭遇欺凌。也许你就是其中的一员。

但这并不代表一切正常。被人欺凌虽然很常见，但终归是件痛苦的事情。欺凌如此普遍并不意味着我们必须接纳它或者我们不能改变它，也不意味着我们不能采取措施阻止欺凌行为。事实上，我们是可以的。在本章中，你将学习如何去做。

» 什么是欺凌

欺凌有两个特性：

1. **攻击性**：某人试图用行为伤害你或你的感情。

2. **重复性**：那个人一直在重复欺凌行为（不是一次性的事件）。

欺凌的五种形式包括：

1. **言语欺凌**：被人辱骂，被恶意取笑或戏弄，因种族、宗教、性别或其他特征被侮辱。

2. **暴力欺凌**：被打、被踢、被推、被撞、被抢。

3. **社交欺凌**：被排斥，被他人恶意散播谣言，被他人结盟反对。

4. **网络欺凌**：使用各种形式的电子讯息或各类媒体发布的图片实施的欺凌，这些媒体包括社交 App、聊天软件、论坛、网站或电子邮件。

网络欺凌包括恶意攻击（不断地写负面评论或反对你所发布的任何东西），联合其他人一起反对你。

5. **隐蔽的欺凌或自恋**：这是很难发现的，某些人在一些时候假装对你很好，而在另一些时候又向你予取予求或责怪你不够好。因为他们的不满，你会为自己所做的一些小事而感到难过。

他们期望你能读懂他们的心思，知道他们的需求。你好像永远不知道他们到底想要你怎样。

对你来说，重要的是能区分真正的欺凌行为与刻薄或麻木不仁的行为，后者不属于欺凌。举例来说，假设某个朋友没有回复社交媒体上的某个帖子，即使你在评论中提到了他。这算是欺凌吗？如果你爱的人心情不好，对你说了一些刻薄的话，你觉得这算是欺凌吗？或者你和某人因为喜欢上同一个人而发生了一场大的冲突，并且他们还对你说了些伤人的话，这算是欺凌吗？以下是分辨欺凌行为的方法。

1. 攻击性：问问自己，这个人确实想要伤害你或恐吓你吗？

2. 重复性：问问自己，对方这样的行为是不是反复上演？

如果你对这两个问题的回答都是否定的，那么这个人可能是犯了一个无心的错误。也许是时

候为这段感情付出一些努力了，或者也许是时候该为它画上一个句号了。

如果你的答案都是肯定的，那么这就是欺凌。不要得过且过，你可以减少欺凌的发生。

» 为什么人们会欺凌

为什么人们会对彼此刻薄？

对于这个问题最重要的答案是——原因不在于你。如果你被他人欺凌了，这不是你的错。你有权利让自己不被攻击、嘲笑或排挤。你值得被尊重。每个人都值得被尊重。

好吧，如果这不是你的错，那欺凌者们为什么要故意伤害他人呢？

√ **欺凌者需要地位和权力——他们需要受欢迎。** 欺凌者们在恃强凌弱时会得到某些东西，至少在短期内是

这样。他们获得了地位和权力。想象一个可怕的欺凌者，他喜欢打人或散布恶毒的谣言。你可能会害怕那个人。也许你会避开他们；也许你会寻求成为他们的盟友，那样一来他们就不会攻击你。有时候，只要他们不欺凌你，你可能会觉得他们还挺有趣，还很酷。与欺凌者结盟通常比反对他们更容易。

你可能还不知道的是，研究表明，欺凌者的人气会随着时间的推移而下降，他们的地位维持不了多久。这是为什么呢？

即使你和一个欺凌者成了朋友，他将攻击的矛头转向你也只是早晚的事。当他们攻击你的时候，自然会破坏你们的友谊，之后欺凌者就得去找别人。

要提醒自己：横行霸道之人看起来会赢，但研究表明，他们最终会输。

√ **欺凌者经常试图让自己感觉良好**。恃强凌弱的行为就像毒品，但也像大多数毒品一样，欣快感会逐渐消失，然后产生负面效应。下面是一些例子：

√ 欺凌者可能对自己没有安全感，他们欺负你以及像你一样的人，那是因为他们嫉妒你们。攻击他人会让他们在短期内感觉更好。但从长远来看，他们会受到嫉妒和不安全感的困扰。

√ 欺凌者可能会因为生活中的其他事情而生气，可能会拿你出气。例如，他们可能因为父母一直对他们大吼大叫而怒火中烧。这让他们对自己感到无能为力。所以，他们攻击你是为了让自己感到强大。但这并不管用，无缘无故地攻击你并不能帮助他们在父母的吼叫中拥有更多的力量。但通常，他们觉得这是自己唯一能做的事。

✓ 欺凌者可能是在创伤环境中成长起来的，在那里他们学会了暴力和侵犯。比方说，如果欺凌者生活在一个每天都会上演呵斥、辱骂或殴打剧情的家庭里，他们可能就无法了解冷静和友善的益处。

不过，这些情况都不能成为恃强凌弱的借口，也都不能阻止你对欺凌者做出有效的回应。有效应对欺凌者的第一步是与你的观察者建立联结。

▪ 保持真实的感受：一个观察者练习 ▪

做这个练习需要勇气，因为当有人试图伤害你或控制你的时候，仅仅是觉察那些困难的感受就会令你痛苦。回想一个你被他人刻薄对待的时刻。从下面的列表中圈出与你的感受相符的词语，也可以添加你自己的感受。

不舒服	悲伤	愤怒
困惑	不安全	无法集中注意力
绝望	无能为力	危险
害怕	焦虑	怨恨
＿＿＿＿＿＿	＿＿＿＿＿＿	＿＿＿＿＿＿
＿＿＿＿＿＿	＿＿＿＿＿＿	＿＿＿＿＿＿
＿＿＿＿＿＿	＿＿＿＿＿＿	＿＿＿＿＿＿

记住,当你使用观察者技能时,要练习观察困难情绪如同海浪般潮起潮落。

之后你就会明白,不必与你的感受进行对抗,否则它们只会更加强烈——就如同摇晃一瓶香槟,软木塞终会爆开(要提醒自己这个基本的技能,请参阅第2章)。感受是你的身体发出的信号,它们在告诉你该做什么了。你可以练习允许你的感受如其所是,并选择一种能够改善你生活的回应方式。

》如何对付欺凌者

没有哪一种方法可以应对所有的欺凌者。如果一个欺凌者只需要我们对其好一点,便能放过我们,那就太好了。但我们知道,就像所有的策略一样,这个策略有时也会失败。这意味着我们不能只告诉你一两个具体的策略。相反,我们将向你展示一种方法,让你能够在许多可以尝试去做的事情中找到正确的策略。

我们要向你介绍的方法名为**2×2能力升级**。通过这个方法,你可以找到应对难以相处之人的最佳策略。我们从两个维度来描述这些策略。第一个维度是"自我能力",也就是你的正能量(等级2)或负能量(等级1)。第二个维度是"社会能力",也就是你通过自信或攻击的方式去干涉他人行为的能力(等级2)。

◢ 2×2 能力升级表格 ◣

能力策略	等级 1 不表现社会能力	等级 2 表现社会能力
等级 1 不表现 自我能力	**无视或逃避欺凌者** 例如 **无视**：无论欺凌者说什么都不做出反应。假装没听见欺凌者的话。假装欺凌者没有打扰你。 **回避**：避开欺凌者。	**捍卫自己， 或攻击欺凌者** 例如 **坚守边界**：以一种不伤害他人的方式说出你想要的或相信的。 **该出手时就出手**：反击或联合他人对付欺凌者。 **寻求帮助**：请成年人或其他人帮助你。
等级 2 表现自我能力	**待人友好** 例如 **礼貌**：保持略微积极的态度，但不要过于友好（你有自己的界限）。 **共情**：询问对方的感受，或者他们对你不好的原因。 **友善**：吸纳他们参与活动，旨在减少他们的欺凌行为。	**待人友好并捍卫自己** 例如 **礼貌且自信**："今天我要和另一群人出去玩。" **共情且坚决**："我看到你很难过，以为我在说你的闲话。事实上，我并没有那么做。" **友善且果断**："我很乐意给你第二次机会，因为我喜欢和你在一起。但你说的话伤害了我。如果你再这么做，我就不会再跟你一起出去玩了。"

当你审视这些例子时，你会如何描述自己？你通常会不会表现出自我能力或社会能力？

现在你要练习将这些策略应用到生活中的现实情境中。

在你的生活中使用 2×2 能力升级表格

回想一个你正被人欺凌的场景。

选择一个你想要改变的情况。

安全第一。有一条你绝对不能忽视的建议者原则，那就是问问自己："我安全吗？"你可以暂停一会儿，考虑一下在这个场景中你是否安全。如果感到不安全，就去一个安全的地方，以便从他人那里获取及时的帮助。你不必独自处理这件事。

练习第二。如果你确定自己是安全的，就可以任意使用DNA-V技能了，这将有助于你学会应对和减少欺凌。练习使用你的 DNA-V 技能：

√ **建议者**：在遭受欺凌的情境下，你的头脑中会浮现哪些想法？把它们写在下面。

√ **观察者**：当你回想这种处境时，你会有什么感受？留意你的身体，看看哪个部位对这些感受的体验最为明显。把感受写下来。

√ **探索者**：你以往的应对策略是什么？到目前为止，你都采取了哪些举措去对付这个难以相处的人？它们管用吗？（提示：如果欺凌行为还在继续，这种策略就不管用。）

√ **价值**：你想实现什么目标？ 也许在这种情况下，你想通过摆脱欺凌你的人来增进对自己的关爱。也许你想关注你与他们之间的关系，并增强这种关系。

探索者：现在回到你的探索者，去尝试一种新的策略。使用空白的 2×2 能力升级表格来制定一套策略，你可以使用这些策略去看看如何与这个人进行互动。现在不要担心最终的答案是对还是错。这是一个有趣的探索。确保每个象限都有一些策略。你可以登录网站 http://dnav.international 去打印空白表格。

❖ 你的 2×2 能力升级表格 ❖

能力策略	等级 1 不表现社会能力	等级 2 表现社会能力
等级 1 不表现 自我能力	无视或逃避欺凌者 ◯	捍卫自己或攻击欺凌者 ◯
等级 2 表现自我能力	待人友好 ◯	待人友好并捍卫自己 ◯

建议者：既然你已经写下了这些策略，我们希望你能让你的建议者来预测哪种策略最有可能奏效。将数字 1～10 写在圆圈中，1 表示毫无效果，10 表示极其有效。

观察者：专注于你最看好的策略。当你考虑将新策略付诸实施时，你的身体会出现什么反应？例如，假设你想要坚持自己

的想法，你会有什么感受？紧张，兴奋，焦虑，不知所措，还
是别的什么感受？

_____

_____

_____

　　探索者：是时候尝试新事物了。你想尝试哪种策略并看看
它是否有效？你愿意为了尝试新策略而体验痛苦吗？

_____

_____

_____

　　行动：采取行动。你打算什么时候使用该策略？如果这个
策略不起作用，你会怎么做？任何时候你都可以回到 2×2 能力
升级表格，静下心来审视一番，看看接下来你可以做什么，你
生成了哪些新的想法。

_____

_____

_____

» 可行的策略并不总是让人感觉良好

　　好吧，是时候实话实说了。我们要说的是，最有效的策略未必是
最令人满意或最容易的。有人试图伤害你时，你自然会想要报复，因
为他们在不公平地攻击你。

　　但这里有句话要提醒你：善恶到头终有报，高飞远走也难逃。侵犯他人往往会适得其反。当你伤害或羞辱他人时，人家不会就此罢休的。他们会想啊想，想啊想，反复琢磨怎么打击报复你，之后他们会说服自己，确认你就是一个坏蛋。也许他们会对你说三道四，或者和你打架，又或者试图让你惹祸上身。此外，如果你认为别人攻击你是错误的，那么你反击他们就是正确的吗？你到底想成为什么样的人？如果你欺凌某个人，你可能会发现自己和那个人纠缠得更深了，你可能也会做出一些伤害他人的行为。

　　　　　　　　混乱的关系

为了理清头绪，尝试新事物

你的人生，你做主

◢ 随心前行

当你因为有人正在伤害你而感到难过时，记住，这是一条讯息，说明你在乎对方。关照自己和关照他人一样重要。去联结你的价值，并首先从关照自己开始行动（参阅第 1 章）。

◢ 拥抱变化

欺凌行为还在发生。（还是搞不定！）你用过的种种策略现在可能不管用，要接纳这个事实。你或许需要改变你正在做的事情来有效地应对这个欺凌者。试着调动你的灵活力。

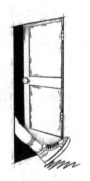

◢ 提升灵活力

在接下来的一周，当你试图对付某个欺凌者时，可以练习使用你的 DNA-V 技能：

√ **探索者**：尝试做点别的。如果一直做同样的事情，你得到的结果也不会有什么改变。去尝试新事物吧。注意接下来会发生什么。看看你的新策略奏效了吗?

√ **观察者**：调动你的观察者。暂停一会儿，觉察一下这个欺凌者会给你带来什么感受。给你的感受贴上标签，再为其命名。这样做，你就不会对恐惧、不安和愤怒的情绪反应过度。

√ **建议者**：请你的建议者来做指导。

- 判断欺凌者对你的伤害是不是故意而为或一而再再而三地发生。如果是，那就是欺凌。如果不是，回到关于友谊的上一章，你会得到一些启示。

- 不要责怪自己! 你值得被善待。没有人应该受到欺凌。

- 你要认识到，他人的欺凌行为可能有损你的信心和健康。要照顾好自己。如果你怀疑自己，那就读一读有关自信的那一章。如果欺凌行为让你感到悲伤，那就学习有关悲伤（第 8 章）或伤害（第 9 章）的章节。无论你做什么，大胆地行动吧。相信你有能力渡过难关。

- 在网上谨言慎行。在社交媒体上应对欺凌要多加小心。当你想在网上发帖时，务必谨慎，除非你想把它贴在高速公路的广告牌上，让全世界的人都看到。举个例子，拍张自己对欺凌者竖起中指的照片也许并不是一个好主意。要记住，你的朋友可以一遍又一遍地查看你发的帖子（领导或未来的朋友们也会在网上看到你）。所以，要对你发布的内容多加小心，这一点很重要。

- 不回应网络喷子。尽量减少负面评论、帖子或八卦。即使你觉得自己是对的，也不要在网上攻击别人。不要报复。人们会指向你的攻击言论，让你看起来很糟糕。你需要保持高姿态，我们知道这有些难，但从长远来看是正确的。屏蔽网上那些对你不友好的人。

√ **自我视角**：要记住，欺凌是欺凌者个人的问题，不是你的问题。不要成为受害者。使用 2×2 能力升级表格进行练习，尝试不同的策略并发现最佳策略。

√ **社会视角**：让他人参与进来。与你所爱的人进行交流以获得支持。你能与支持你的人建立同盟关系吗？有成年人可以帮忙吗？（帮助你的人或许会让你感到意外。）

第 8 章 ....

当你情绪低落或悲伤时

我们可以从过往的经历中吸取教训、汲取营养，但不能依赖过去而生存。生命的本质是变化，我们必须不断前进，否则灵魂就会枯萎死亡。

——苏珊娜·基尔斯利（Susanna Kearsley），《马里亚纳》

你为什么会读这一章

√ 你竭力想赶走悲伤，但所做的一切都是徒劳。

√ 你没有参加很多有趣的活动。

√ 你会自我批评，觉得自己毫无价值。

√ 你用破坏性的手段来惩罚自己。

你将学到什么

√ 如何区分悲伤和抑郁。

√ 如何迈出自我关照的第一步。

√ 如何练习从悲伤转向充满活力和有意义的生活。

√ 如何通过三个简单的步骤来关爱生活。

√ 如何使用你的探索者技能来创造新的体验。

星期一到了，妈妈叫你起床，而你只想待在床上，永远待在那儿。

你晕晕乎乎地拖着自己的身体去学校，你的建议者默不作声。它一点忙都帮不上。这个傻脑子。当你的建议者终于开始行动时，它是消极的："你真是一个失败者。你为什么要去上学？好像没有人想要你在身边。"你观察着校园里的其他学生，注意到他们是多么快乐，而此时的你却什么也感觉不到。大家越快乐，你就越感受不到什么。后来，几个"乐于助人"的成年人走过来告诉你，只要微笑或做些有趣的事就没事了。很愚蠢，不是吗？如果他们知道你的感受，就会闭嘴，让你安静地躺在床上。

你有过类似这样的经历吗？

这一章讲的都是那些你的身体和大脑好像被困在一袋湿水泥里的时刻。你感到绝望，感到伤心，生活仿佛停滞不前。对很多人来说，这种情况时有发生，但有时我们会觉得自己在孤军奋战，独自一个人承受着痛苦。

» 为什么你会感到沮丧

悲伤并不意味着你崩溃了或者出了什么问题。如果有人告诉你悲伤是软弱的表现，不要相信他们。相反，悲伤是来自你身体的讯息，就像手机短信一样。它本身既不好也不坏。想象一下，你收到了一条短信，得知你最要好的朋友今晚不能与你一起去看电影了。你可能会难过，但你不会认为是你的手机出了问题，对吧？你不会想要毁了你的手机。

悲伤是某些地方出现问题的信号。也许在生活中有人对你不好，或者你正在人际关系中挣扎。也许你对未来感到不确定。也许你睡眠不足。原因可能多种多样，而且它们还可能叠加在一起。青少年阶段是一个变幻莫测、充满不确定性的时期。很多青少年，还有成年人，都会感到情绪低落，或者觉得自己没有价值，看不到希望。如果你情绪低落，一定要记得你不是世界上唯一有这样感受的人，你并不孤独。你是能解决问题的人类。

关于悲伤有很多错误认识。如果相信它们，我们就会花很多时间去攻击自己"有缺陷"。以下是一些最常见的误解。

√ **如果感到情绪低落，一定是我抑郁了**。不是的。一些年轻人会经历情绪波动（成年人也一样）。年轻人是热情的，情绪会有起起落落。有时这让人感觉不太好，但这是正常的。

√ **如果过于悲伤，一定是我的脑子出了问题**。不一定。这就如同你收到了一条让人悲伤的短信，从而判断是你的手机出了问题。悲伤是一种信号，但不是精神障碍的标志。

√ **人们告诉我要"自己振作起来"。他们这样对吗**？不，当然不对。年轻人需要支持，他们目前承受的压力相比其他任何人生阶段都要大。人生的每一段旅程都会有压力和情绪变化。

» 悲伤时你该做些什么

我们在继续讨论之前，先来谈谈抑郁症。抑郁症比情绪低落持续更久，会影响生活的各个方面——学校、家庭和人际关系。一切都仿佛失去了意义。大约四分之一的年轻人在青少年时期有可能经历抑郁。对大多数人来说，当生活中发生重大压力事件时，这个问题就可能出现。根据世界各地权威人士的说法，我们首先应该通过心理和社会支持来治疗抑郁症。这意味着改变高压环境、使校园安全，以及帮助青少年在家中和校内发展能给予自己支持和帮助的人际关系。

如果你感到悲伤或绝望，本章会对你有所帮助。如果你担心自己患有抑郁症，就告诉你的家人，并向专业人士寻求帮助。以下是一些你可能抑郁的迹象：

√ 抑郁往往比悲伤持续的时间更长（持续2周以上）。

√ 你不再外出。

√ 你不再学习功课。

√ 你已经远离了亲密的家人和朋友。

√ 你感到被情绪（例如内疚、沮丧、烦躁、悲伤、不安全感）所淹没。

√ 你脑海中总会有这样的想法，比如"我是一个失败者""我一文不值"或者"生活不值得过下去"。

√ 你总是感到疲倦。

√ 你认真地考虑过自杀。

如果你担心自己患上了抑郁症，我们建议你去寻求专业人员的帮助，这会有益于你。

感到悲伤或抑郁时，你其实有很多事情可以去做。所以，如果你觉得你已经准备好帮助自己了，就继续读下去吧。

从身体保健开始着手（就像给你的身体做清理）

你有没有注意到，身处一个混乱不堪、没人打扫的地方是什么感觉？就像走进一间堆满了脏盘子、冰箱里塞满了过期食品、到处都是垃圾的厨房，你只能站在那里琢磨怎么才能得到你想要的东西。

没错，低落的情绪在你的身体里就像这个样子。你的观察者一直在传递着这样的信息：事情正在变得一团糟。这里有五个有点像整理房屋的方法。通过运用它们，你的身体会变得强壮并且精力充沛，你的注意力也会变得更加集中。没有人想把这些方法全都做到，但它们是必要的，而且会带给人更多希望。

1. 锻炼身体。研究表明，运动对情绪的影响非常大，而且一些研究表明它比抗抑郁药更有效。

2. 睡眠充足。你知不知道糟糕的睡眠会影响你的学习和记忆力？连续 16 个小时不睡觉之后，我们的智力就会开始受损，就像喝醉了酒一样。睡眠被剥夺得越严重，我们就越难以好好思考和有效行动。

3. 改善饮食。你吃喝过很多垃圾食品（软饮料、快餐、能量饮料）吗？消耗大量垃圾"燃料"的人容易抑郁。你摄入体内的能量类型会影响你一天的能量体验。你知道吗？每天多吃一份水果和蔬菜（最多七种）会增加你的快乐和幸福感。

4. 练习基础的观察者技能。回到第 2 章，回顾一下观察者技能，记得使用你的呼吸和正念技能，从令你陷入其中的想法里跳出来。看看你能否注意到日常生活中的美好事物。

5. 与人联结和惠利他人。回到第 1 章，回顾一下通往幸福生活的六种方法。试着做一些这样的行为，它们已经被证明有助于疗愈悲伤和抑郁。

玩随机切换游戏

在玩这个游戏之前，从下列词语中选择一个：

走 或 留。

随机选择。

如果你的回答是"走"，就跟着箭头继续移动。

如果你回答"留"，你可以留在这里。

在以上这两个选择中，你已经体验了 DNA-V 转换是什么样子。它是从一个动作开始的，即使是很小的动作，比如看一页书。你可能会注意到，只要改变一件小事，自己的感觉就会轻松许多。当然，改变现实生活可是一个巨大的工程，但行动的模式不变。现在你需要练习这么做。

重新发现活力和价值

当你感到悲伤时，你通常会认为自己的能量和快乐消失殆尽了。但生活是不断变化的，要提醒自己低落的情绪总会过去。你的第一步是把注意力转移到自己关心的事情上来。

想一些你喜欢的或者能为你增添活力的事情，哪怕只能持续很短的时间。想象它们就在你面前。你可能需要深入思考，但现在就让你喜欢的事情进入脑海吧。

在下面的空白处写下至少四件对你来说重要的事情。用完整的语句来描述每一件事，包括一些为什么它们对你来说很重要的细节。你可以写日常事物（比如音乐、咖啡、蓝天），也可以写具体的事（比如和奶奶一起做饭、你的上一个假期）。这里有一个例子也许可以帮助你：我喜欢屋外雪花飞舞的时候，我蜷缩在沙发上欣赏着平板电脑上的精彩电影，手边放着一杯热巧克力。

_____

_____

_____

_____

现在看看你写下的活力语句。当你专注于这些事情时，生活会是什么样子？再来想一想，当你的关注点都放在伤害和痛苦上时，你的感受如何？你能感觉到变化吗，无论它有多么微小？如果你身陷困境，一个朝向价值的微小改变可能就是更大事情的开始。提醒自己与你的价值进行连接。你甚至可以现在就决定做一些小事情。

制定新的建议者规则

现在，你将体验到切换进入"建议者空间"的感觉。当你情绪低落时，这个空间会非常消极。在这种情况下，你可能不愿完全信任你的建议者。好消息是，你不必对你的建议者言听计从。要记住，你才是自己人生的主人，而不是你的建议者（参阅第 3 章中的"自我视角"）。

为了说明这一点，试着只让你的建议者做下面这些事情——也就是说，只按照你的想法去做：

√ 吃一块巧克力。

√ 在客厅里跳舞。

√ 扔雪球。

怎么样？你有没有注意到你的建议者做不了这些事？现在，请试着做以下事情：

√ 告诉自己生活很艰难。

√ 责骂自己。

√ 考虑进行尝试会引发的风险。

这些是你的建议者可以做的事情。事实上，你和你的建议者能一起做的所有事情就是思考、担忧、计划和预测。因为建议者的主要工作是寻找危险并保证你的安全，所以它经常会说，"这太难了"还有"你做不到"。不幸的是，如果你总是听信于你的建议者，那么最终你可能会逃避生活，无所事事。

通过改变你的建议者规则来练习心理灵活性。你可以使用我们的新规则，也可以自己制定规则。

√ 建议者的工作是寻找问题，而我的建议者有时会预判失误。

√ 当自我对话把我和我看重的东西联系起来时，它会很有帮助。我还能对自己说些什么有益的话呢？

_____

_____

_____

_____

» 如何关注当下的生活

现在你已经准备好切换到你的"探索者空间"，探索新的存在方式了。提醒自己，你不需要相信事情会好转，你只需要对自己说："是的，我要试一试。"

那就试一试这个探索者练习吧。

▪ 发现被你遗忘的快乐 ▪

步骤 1。写下过去几年你的生活中发生的五件事。如果你不确定这意味着什么，也不必担心，想到什么就写什么。

步骤 2。现在拿出一个电子设备（手机、平板电脑、笔记本电脑），花几分钟浏览一下你最近拍摄的照片。（如果你没有拍照，就花点时间看看你喜欢的风景照片。）只看最近几周的照片，不要再往前看了。花几分钟时间沉浸在这些照片中，欣赏你所看到的一切。想象一下，你正在跟一位朋友分享这些照片。

现在回答下列问题：

✓ 当你看着这些照片时，觉察自己有什么情绪、感受、想法出现。

_____

_____

✓ 有没有令你微笑的小事的画面？如果有，那是什么事情？

_____

_____

✓ 有没有关于你的朋友、家庭和社交生活的照片？

_____

_____

✓ 有没有关于你有热情、有兴趣和所爱之事的照片？

_____

_____

步骤 3。现在比较一下步骤 1 和步骤 2。你认为它们有什么不同?

如果你跟大多数人一样,你在写步骤 1 的答案时可能会让你的建议者回忆起"重要"事件(注意,我们并没有说写下"重要"事件)。你所写的五件事里面很可能不包括你昨天吃了美味冰激凌或是很开心地看电影这样的"小确幸"。不过,没关系,你的建议者在做自己的工作。

在步骤 2,你可能使用了你的探索者技能。你不只是在思考,你用自己的照片来展示你最近做的事情。你有没有发现,看看自己做过的事情很有乐趣?也许会有自拍,有与朋友或家人在一起的时光。你有没有体验许多小事,比如品尝美味的冰激凌或开心地看电影?

对比步骤 1 和步骤 2 很重要。建议者的工作是记住什么有可能出错,探索者的工作则是体验。

现在思考这个问题:运用你的经验能否帮助你转向更重要的事情?

热情指引你

》提升你的探索者技能,轻装上阵

现在我们邀请你带着好奇心去过每天的生活。你的任务是注意某些行为是不是让你疲惫不堪，看起来像是在扛着沉重的大石头上山；另一些行为是不是让你轻松自如，就好像脱离了地球的引力。之后你可以进行选择：你是想要更多的花岗岩（最重的岩石之一），还是想要更多的氦（最轻的气体之一）。

拽着你下沉

拉着你上升

花岗岩：当你进行这些活动的时候，它们会让你觉得自己正在扛着一块沉重的巨石向前走。花岗岩活动可能包括责骂自己、狂吃垃圾食品或与家人争吵。如果某项活动让你感觉像是有一块沉重的花岗岩压在背上，而且你得背一整天，那它就是花岗岩活动。

氦：这些活动似乎能让你振作起来，它们给你的双脚带来了活力，让你感觉自己可以蹦蹦跳跳地前进。这些活动类似于看有趣的节目、给朋友发信息、沐浴阳光、听自己喜欢的音乐，或者为他人做一些好事。如果某项活动让你感到更加轻松，那它就是氦活动。

◢ 活动能量计 ◣

填写图表，评估花岗岩活动和氦活动。

	能量计 （活动前）	花岗岩（重）	氦（轻）	能量计 （活动后）
	从1到10打分，你做这件事之前感觉如何？（1＝我感觉很好 10＝我感觉很糟）	当我这样做的时候，我这一天似乎更沉重了。	当我这样做的时候，我这一天似乎更轻松了。	从1到10打分，你做完这件事之后感觉如何？（1＝我感觉很好 10＝我感觉很糟）
示例列表				
听我最喜欢的歌	6＝比平时差一点		✓	5＝我感觉还好
批评自己	5＝我感觉还好	✗		9＝我感觉糟透了

回顾你的活动清单，想一想所有你能做的会令你振作精神的事情。可以考虑写一篇感恩日记，把今天鼓舞你的一两件事情写下来，对它们表示感谢。记住，这是在生活中日趋熟练的实践。并不是说永远不要做花岗岩活动，只是你要认识到自己可以改变。你有选择的权利。当你感到情绪低落的时候，你可以选择帮助自己，尽你所能，直到一切恢复正常。

当然，我们无法明确告诉你什么会给你的生活带来能量、快乐和意义，哪些东西会符合你的价值。你必须通过尝试以及观察当你情绪低落时会发生什么来自行发现它们。

你的人生，你做主

▰ 随心前行

　　记住，无论你有多么悲伤，总有一盏灯在你的心中闪耀着光芒，照亮你在乎的东西。有些人把这盏灯埋掉了，最终坠入"僵尸世界"。你不是那样的人。你有勇气承载自己的情感，选择有意义的生活。

▰ 拥抱变化

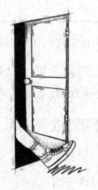

　　选择有意义的生活意味着你将在经历变化和保持不变之间挣扎。有时候你会觉得事情变化得不够快，而另一些时候你可能希望自己能在变化发生之前回到过去。你可以暂停一会儿，做几次深呼吸。你能做到的。人们往往会高估悲伤持续的时间。要知道，悲伤的体验尽管很糟糕，但它和所有情感一样，都会过去的。

◢ 提升灵活力

在接下来的一周，当你情绪低落时，就练习你的灵活力技能。

√ **探索者**：做活动能量计的练习来提升你的觉知力，看看哪些活动可以为你赋能，让你振奋；哪些活动在消耗你，拖累你。每天临睡前做一些记录，感谢所有令你振作的事情。

√ **观察者**：当你有强烈的感受时，记得做第2章中的基础练习——ACT专注练习。观察呼吸（做几次缓慢的呼吸）。将觉知集中在你的体内，留意身体的感觉。告诉自己你的感受。注意你看到、听到或触摸到的五样东西。

· 记得练习我们之前讲过的身体保健基本步骤：睡眠、食物和运动。

√ **建议者**：当你自我苛责时，要记得你可以选择让自己听还是不听。你可以暂停一会儿。用有益的新规则提醒自己："我的建议者并不总是有用的。什么时候听它的，我自己说了算。"

√ **价值**：即使活力和价值看起来离我们很遥远，也要试着践行幸福生活的六种方法（见第1章和第2章），哪怕其中的一种都会让你受益。提醒自己小事情常常也能带来快乐。

√ **自我视角**：提醒自己你一直在改变。你不只是建议者眼中的你；你还是一个探索者，一个观察者，有自己重视和关心的事物。选择那些能让你视野更开阔的方式去行动。

√ **社会视角**：与人联结并惠利他人。越早与人联结，你的悲伤就会越早离去。

当你感到受伤、害怕或不安全时

我终于明白了，我们不是只为自己而活。无数的共同经历、梦想甚至噩梦将我们联结在一起，所有这些都与慈悲紧密相连。我认识到，即使我们正在经历至暗的冬天，春天也正等待降临。

—— 劳拉·安德森·科尔克 (Laura Anderson Kurk),《玻璃女孩》

你为什么会读这一章

√ 你感到害怕、受伤或不安全。

√ 你一直想着那些伤害过你的事情。

√ 你对过去的事情感受依然强烈。

√ 因为过去的事情，你对自己非常刻薄。

你将学到什么

√ 为什么你会陷入困境。

√ 如何应对伤害并从中成长，变得更强大。

√ 如何使用"BOLD 视角"[⊖]处理强烈的情绪。

√ 如何练习自我慈悲。

⊖ 单词"bold"的英文释义之一为勇敢。——译者注

如果你正经历黑暗，本章将会为你带来滋养，并助你找到生活之道。

本章将帮助你带给自己一些同情和关怀。但首先，让我们看看那些发生在人们身上的让他们感到受伤、害怕或不安全的事情。

人生不如意之事十有八九，以下是年轻人常常会面对的问题，它们在你身上发生过吗？

√ 父母离异或离开你

√ 遭受欺凌

√ 在公共场合受到羞辱或难堪

√ 被信任的人背叛

√ 受他人排挤

√ 因年龄、性别、种族或外貌而受歧视

√ 被忽视

√ 慢性疾病

√ 严重事故

√ 身体伤害

√ 家庭悲剧

√ 亲近的人离世

√ 遭受性侵或身体虐待

以上这些事件中的任何一个都可能让你感到受伤、难堪、不自信，甚至留下心理创伤。如果这些经历正在发生，就像许多人一样，你也会有强烈的情绪，感到无法应对、失眠、变得易怒或易激惹，感觉自己就像上紧发条的钟表，一刻也放松不了。

我们想让你知道，你并不孤单。你的经历对自己来说是独一无二的，但它在大千世界芸芸众生中并不少见。你可以通过学习来武装自己，使自己具备应对此类棘手情况的能力。对此你可能持有怀疑态度，但研究表明胜算在你这边：你可以过上更好的生活，摆脱过去糟糕的经历。如果你没有为过往的经历寻求支持，你可能会责怪自己，打击自己。通过阅读本章，你已经向获取支持迈出了一大步。你将学会如何让自己从过往的伤害中走出来并获得成长。

在开始之前，我们要提醒你两个非常重要的点：

> √ **如果某个人或某件事伤害了你，要记住那不是你的错。**
> √ **你可以成长为自己内心渴望成为的人。**

从数据资料中我们还获悉：包括人类在内的所有生物已经适应了在艰难险阻中苦苦求生。面对危险并生存下来的动物会变得更强壮，人类也一样。每当你面对困难并渡过难关之后，你就会变得愈发坚强。研究人员甚至使用了一个词来形容这种情况：创伤后成长（post-traumatic growth）。创伤后成长是指即使不幸遭遇厄运，你依然可以穿越逆境并获得成长，变得更坚强、更有智慧，过上更有价值的生活。

» 我们为什么会陷入这些事件中

当你面临威胁时，你的 DNA 技能会全力以赴保护你的安全。你的观察者和建议者都会处于警戒状态，判断是否有危险到来（感知危险），并向你发出预警。你的探索者会给出快速应对危险的方法，比如猛烈抨击对方，撤退到安全地带，或者避开某些地方或情况。

我们来把人类和斑马做个比较。斑马会在危险出现时逃跑，在危险消失时放松。但人类不是这样。即使危险消失了，人类也可以处于战斗或逃跑模式中。之所以会这样，是因为我们可以利用自己的建议者来重演和再次体验糟糕的经历。一匹斑马不会没完没了地想着昨天它在 30 公里外的另一片平原上看到的狮子。与之相反，痛苦的经历会让人类陷入沉思和压力之中。我们想关闭自己的压力系统，如果我们的身体做不到，我们就会对它非常生气：我们会进行自残（划伤、灼烧、用药麻醉身体），试图让内心的疼痛停止。然而，无论我们做什么，都无法将压力系统完全关闭。

但还是有其他路可走的。你可以学习使用你的 DNA 技能，在需要的时候保护自己，在不需要的时候活得有趣而富有活力。随着时间的推移，你会发现你的感受和想法并不是你的敌人。

» 增长你的慈悲

现在你可以做一些实验，看看你怎样才能从自己最艰难的经历中获得成长。

回想那些曾经让你感到尴尬的事情，但要选择一个你现在觉得没什么大不了的事情。例如：

  ✓ 你念错了字或者发错了表情包，把大家都逗笑了。

  ✓ 你参加某个活动时衣着很不得体。

  ✓ 你对别人说了不该说的话。

  ✓ 你举手回答问题却说出了一个错误的答案。

现在暂停一会儿，回想一个你曾被其他人注意到的小错误。你想起来了吗？花点时间再次体验一下那件事，闭上眼睛想象自己回到了当时的场景中。

  ✓ 那个时候你的内在感受是什么？

  ✓ 你感受到了尴尬、愚蠢、渺小还是别的什么？

  ✓ 当时你给了自己哪些建议？

  ✓ 你是否对自己说了"你是个白痴""你一文不值"或者其他类似的刻薄话语？

  ✓ 你采取了什么行动？你是将自己从这个情景中转移，不去理会这件事，还是做了别的什么?

√ 你是否说过你感到尴尬或觉得自己很蠢?

√ 你的建议者有没有像大多数人的建议者一样,试图用警告你别再犯傻的方式去解决问题?

√ 你当时是否感到了羞愧,不愿再犯傻了? 大多数人都会感到羞愧。

当你把这种羞愧感带入生活的其他方面时,问题就来了。你这样干过吗? 你有没有停止开玩笑,或不再举手发言? 你有没有避免犯一切错误? 这就是问题所在。不犯错的人生等于没有学习的人生。

让我们尝试用两个步骤来摆脱困境。

步骤1:用"BOLD 视角"练习恢复内心的平静

下面有一个基础练习可以帮

助你重新拥有正常的生活。当伤害或危险已成过往时,该练习会比较有用(如果你仍然在经受伤害,你要向值得信赖的人寻求帮助)。研究表明,那些不断回避自己想法和感受的人会继续经历痛苦,而那些敞开心扉的人可以通过下面这样的练习,学会带着他们过往的经历继续成长。这个练习看起来很简单,简单到你可能认为它不会起什么作用。试一试吧,它会有用的。我们称这个练习为"BOLD 视角"。这是第2 章观察者技能中的"ACT 专注练习"的可替代练习。当痛苦的回忆再次浮现,当你感到害怕、不知所措或苦恼的时候,试着做这个练习。

√ **呼吸(Breathe)**:做几次缓慢而深长的呼吸。呼吸是你身体恢复正常状态的关键。

√ **观察(Observe)**:留意你此刻所有的想法和感受。

√ **标记**（**Label**）：告诉自己你的想法和感受是什么。（比如"我想起了他们欺凌我的时候。我感到很尴尬"。）

√ **决定**（**Decide**）：选择能让你变得更强大并有利于你成长的行动。选择那些能让你充满活力或创造价值的行动。

√ **视角**（**Viewpoint**）：提醒自己，你本人比这件事情重要得多。从一个更宽广的视角去看你这个人的方方面面。你的种种记忆和经历都只是你的一部分，而你远远不止这些。

当你面对强烈情绪时，做"BOLD 视角"的练习可以帮助你从回忆中走出来。你将学会承载着这些记忆过上美好的生活。你需要练习使用"BOLD 视角"，练得多了自然会驾轻就熟。

步骤 2：练习站在好朋友的角度看问题

想一想当你感到尴尬或羞愧时，你身体的感受是什么样的。不要害怕这些感受，你本人比它们重要多了。让自己去感受就好。尴尬的感受是什么样子？看看以下这些词语有没有符合的？

不可思议　令人厌恶　受人欺凌
不够完美　毫无价值　愚蠢无知
狼狈不堪　孤立无援　后悔不已

现在闭上眼睛想象一下，你的一位好朋友正在经历这样的尴尬。他有什么表现？他会说些什么？想一想，你会对正在遭遇尴尬的朋友说些什么呢？你会如何帮助他？写下你会对朋友说的话。

_____

_____

现在我们反过来做，想象一个关心你并希望你一切都好的人——一个对你最好的朋友或家庭成员。对于你的尴尬经历，这个人会对你说什么？把他们会对你说的话写在下面。

———————————————

———————————————

　　下次当你感到受伤或经历尴尬时，请练习站在朋友的角度看问题。试着像朋友一样跟自己说话，像朋友对待你一样善待自己。（如果你觉得做起来比较困难，那是因为你对自己还不够友善，也许你可以先从严苛朝着友善迈出一小步。提醒自己："有时候别人会对我不好。但那并不是我的错。"）

做自己的好朋友

⏹ 用自我视角来增长自我慈悲 ⏹

　　这个练习将帮助你以一个更宽广、更健康的方式去看见一个更全面的自己。你会发现痛苦的经历只是你的一个部分。我们将再次通过完成 DNA-V 转盘来练习看到你的方方面面，看到一个完整的你。看

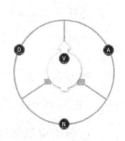

一下 DNA-V 转盘，你可以绘制一个，也可以使用本书后面所附的转盘图，或者从网站 http://dnav.international 下载打印出来。

建议者：在"建议者空间"，运用建议者技能写出对下列问题的回应。如果你不知如何作答，也可以猜测。

- √ 小时候你对自己说过的一句好话
- √ 现在你对自己说的一句好话
- √ 4 岁时，你能做出来的一道数学题
- √ 现在你能做出来的一道数学题
- √ 50 岁时，你有可能对自己说的一句刻薄话
- √ 现在你对自己说的一句刻薄话

观察者：在"观察者空间"，把你可以和你的观察者一起做的事情画出来。画得不好或者简单画几笔都没关系，重点在于使用一些文字以外的表达形式。

- √ 疲倦时，你会有什么样的感受
- √ 80 岁时，你会有什么样的感受
- √ 现在你乐于看到的五样东西
- √ 80 岁时，你有可能乐于看到的五样东西
- √ 悲伤时，你是什么样子
- √ 25 岁时，你悲伤的样子

探索者：在"探索者空间"绘制动作的简笔画。你就当玩一样去画。关键不在于把画画好，而是使用一些非语言的东西。

- √ 你现在喜欢的一项运动
- √ 上小学三年级时，你喜欢的一项运动
- √ 25 岁时，你有可能会喜欢的一项运动
- √ 当你上小学三年级感到抓狂时会有的一种行为

（比如大喊大叫、又捶
又打）

√ 现在你对自己生气时会
有的一个行为（比如扔
东西）

√ 当你25岁对自己生气时
可能有的一种行为

价值: 在转盘中间的"价
值空间"写下你4岁时喜欢
的东西、8岁时喜欢的东西、
现在喜欢的东西，以及你
80岁时有可能喜欢的东西。

现在，回过头来看看整
个转盘。转盘的哪些部分是
你? 请注意，转盘中所有的
部分都是你，你的DNA-V
转盘可以随时改变。你不是
你的思想，思想只是你的一

部分，它们会改变。你不是
那些不好的感受，感受只是
你的一部分，它们会改变。
有些部分似乎保持着不变，
但你总能学会在不变中做出
不同的事情。比如说，你现
在对悲伤的反应与你4岁时
有所不同。而有些价值似乎
是永恒不变的，比如对他人
的爱，可是我们对爱的体验
也在发生着改变。

关键在于，一个人可
以成长和改变。你不是发生
过的坏事情本身。你比这些
事情重要得多。不妨退后一
步，放眼全局。你可以学习
使用DNA-V模型来帮助自
己拥有想要的生活。

你的人生，你做主

▪ 随心前行

　　如果你在生活中感到受伤、恐惧或不安全，要记住，这不能怪你。你没有被击垮。跟所有人一样，你应该得到快乐和爱，你也可以学着关爱他人。保持热爱生活的勇气，你将踏上超越伤痛的人生旅程。

▪ 拥抱变化

　　当我们不允许自己去感受时，我们就会阻止变化的发生。如果试图屏蔽受伤的感觉，你很可能会陷入回忆，挣扎着前行。困难的经历会让你感到压力、紧张和害怕。记住，觉察到恐惧并有所反应，这是我们正常的反应，而不是说明你有问题的迹象。让你的感受自由地来去，允许自己经受磨难。

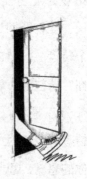

▪ 提升灵活力

　　在接下来的一周，当你感到陷入回忆或受伤的感受里难以自拔时，练习使用你所有的 DNA-V 技能：

- √ **DNA-V**：练习"BOLD 视角"。做几次缓慢而深长的呼吸（breathe）。观察（observe）你身体的情绪感受。把正在发生的一切标记（label）出来（例如，"这让我感到压力巨大"）。根据对你来说什么是重要的来决定（decide）你的行动。把你自己看（view）得比坏事更重要。告诉自己："我不是这件坏事。"你可以从中超越并获得成长。

- √ **自我视角**：练习站在一个富有同情心的朋友的角度来看待你的生活。提醒自己，你值得被善待。

- √ **社会视角**：尽量不要把每个人都拒于你的生活之外。如果你一直感到苦恼，就去寻求专业人员的帮助，你不必一个人承担所有的事情。从一些经验来看，单靠自己去解决所有问题是非常困难的。研究表明，寻求专业人员的帮助是有效的。当你需要帮助时，就去告诉父母、学校辅导员或老师——那些你信任的人。每一次都能避开生活砸向你的不幸，你恐怕做不到，但你可以做一些事情来帮助自己慢慢恢复并成长得更强大。

第 10 章

当你的网络生活成了麻烦时

每天早晨我都会对着镜子问自己："如果今天是我生命中的最后一天，我还会去做今天要做的事情吗？"当答案连续很多天都是"不"的时候，我就知道自己需要做些改变了。

——史蒂夫·乔布斯，2005 年斯坦福大学毕业典礼演讲

你为什么会读这一章

√ 你花了很多时间去上网。

√ 上网并不总是让你感到享受。

√ 你觉得和朋友们失去了联系，需要查看手机。

√ 你会因所玩的游戏而抓狂，或者沉迷其中。

你将学到什么

√ 如何使用连网设备来构建你的生活。

√ 上网是怎样一步步成了你的习惯。

√ 如果你在电子设备上浪费了时间，该怎么办？

√ 如何改变你的上网习惯。

我们不是你的父母，所以我们不会让你"放下那该死的手机"。我们知道你需要上网，这是你与他人相处和玩游戏、了解新闻、享受乐趣、保持消息灵通的方式。

每一代年轻人的聚会空间都不相同。网络时代来临之前，年轻

人通过煲电话粥消磨时间，父母经常对他们大喊"挂电话"。在那之前，20 世纪 70 年代的年轻人每天放学后都会在当地的商店或咖啡馆见面，家长告诉他们"从街头离开，赶紧回家"。再往前看，20 世纪 60 年代的年轻人在免下车电影院见面，他们的父母……我们不需要继续回溯了，你已经看到模式了。所以首先，我们要澄清一点：我们知道你需要出去玩，那是你分享、学习和成长的方式。

本章将有助于你对自己的网络生活做出一些选择。因为我们知道，即使你需要联系，网络空间有时也会变得有害或成为麻烦。科技可以以你并不总是喜欢的方式潜入你的生活。本章的内容重点在于你该如何判定自己的网络生活是否正常，以及如果不正常该怎么办。

» 社交媒体里总在上演完美的一天

生而为人，我们总会经历快乐与悲伤、联结与孤独。祸兮福所倚，福兮祸所伏，没有经历过福祸相依、否极泰来的人是不存在的。但社交媒体并没有呈现这一现实。在类似 Instagram 或 Snapchat 这样的应用程序上，你会看到人们大多玩得开心、有所成就、获得胜利。每个人的生活看起来都很棒。但现实是什么？当人们自身面临困难时，往往不会去发帖子，所以你看到的是一个扭曲的幸福现实。

当你上网时，你的 DNA-V 会发生什么？

你的建议者会看到别人的种种闪光点，而你会有这样的想法："为什么每个人都比我做得好？为什么他们在外面聚会而我要待在家里？为什么他们的生活如此美好，而我却独自一人看着电视重播？"

你的建议者看到别人的自拍照时会想："为什么照片中的他们光彩照人，而我看起来就像一头从森林里跑出来的熊？为什么我没有他们那样的身材？"即使相对于社交媒体而言，你更感兴趣的是游戏，这种情况依然会发生。你的建议者可能会说："为什么他们总得高分，而我却被淘汰了？我的排名是第几？"

当你的建议者像一个疯狂的滥发垃圾邮件者一样把你和其他人比较时，你可能会进入观察者模式，觉察到些许悲伤和孤独，抑或害怕错过什么的恐惧。随后你的探索者可能会做出一些无益的举动——避免与他人进行现实中的接触、进行抨击、实施反击，等等。在这种情况下，你本人是没有任何问题的，你只是对网络环境做出了自然的反应。

思考下面的插图。看看线下的真实世界和线上虚假、美丽、闪亮的社交媒体对你的影响有多大。

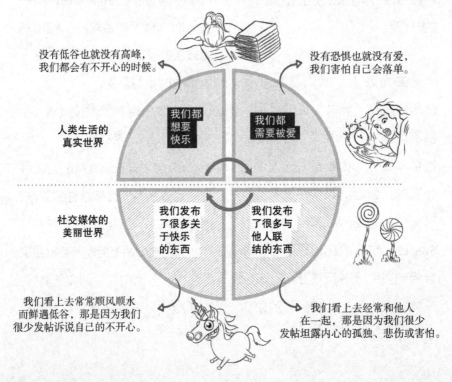

没有低谷也就没有高峰，我们都会有不开心的时候。

没有恐惧也就没有爱，我们害怕自己会落单。

人类生活的真实世界

我们都想要快乐

我们都需要被爱

社交媒体的美丽世界

我们发布了很多关于快乐的东西

我们发布了很多与他人联结的东西

我们看上去常常顺风顺水而鲜遇低谷，那是因为我们很少发帖诉说自己的不开心。

我们看上去经常和他人在一起，那是因为我们很少发帖坦露内心的孤独、悲伤或害怕。

如果我们把自己的生活和在网上看到的一切相比较，就难免会感到不开心和孤独，因为其他人的生活看起来比我们的要好多了。可事实却是，其他人之所以看起来更好，那是因为他们很少发布不愉快的事情。

我们自己在网上的行为也和在现实世界中的有所不同。在网上，我们依赖文字或摆拍的照片来交流，失去了生活中所有的真实，失去了面对面的共情和友善——我们能够向现实中人展现的东西。试想一下，如果一位朋友现在站在你面前哭泣，你不会对他视而不见，直接走向房间里另一个看起来更快乐的人，你不会这样做，是吧？除非你是一个冷酷的人。但在网上就另当别论了。如果你看到某人情绪低落，你可以快速滑走他发布的动态，或者切换到另一个朋友的页面，再次看到令人快乐的图像。社交媒体会促使我们回避混乱不堪的生活。现实生活与网络生活不同，这里有情绪低落，有焦虑，有悲伤。

你能做些什么呢？你可以使用你的DNA-V技能在网上明智地行动。

每当你的建议者抱怨其他人都比你好的时候，停下来，提醒自己使用一条新的建议者规则，它是专门针对社交媒体的：

"网上总是阳光明媚。"

提醒自己回想你和朋友面对面的时候，他们对你诉苦，抱怨自己的生活有多么糟糕，然而在网上，他们的生活看上去大多是积极阳光的。提醒自己，你也曾在心底隐藏过很多心事，那些伤你过深以至于无法分享的痛楚。

当你在网上发帖时，停下来想一想你的价值。问问自己：

- √ "这有助于我成为理想中的那个自己吗？"
- √ "如果这个人站在我面前，我还会这么说吗？"
- √ "这会给我带来活力，让我感觉真实且充实吗？"
- √ "这能帮助我与我关心的人建立联结吗？"

如果答案大多是肯定的，你就知道自己在网上的一言一行正在改善你的现实生活，那就坚持下去吧。如果答案是否定的，那么是时候做出改变了。

» 为什么电子设备让你欲罢不能

让我们来看看网络生活是如何"豢养"你的。需要再次强调的是，我们不是要告诉你该怎么做，实际上只有你自己才能选择你的人生，走你的路。

我们将从一些科学研究讲起。你有没有想过，在线网站（应用程序、游戏和社交媒体）是被设计成专门吸引和抓住你的注意力并让你参与其中的？也就是说，大多数网站都是为了让你上瘾而设计的。它们希望你不停地玩游戏，不断地使用应用程序或社交媒体。如果你那么做了，它们的设计师就是"成功的"，它们可以向你收费、做广告或者卖东西给你。

那么，这些网站的创建者是怎样学会拉拢你的呢？这要从B. F. 斯金纳（B. F. Skinner）的科学实验说起，通过实验，他了解了如何操纵和改变行为。斯金纳从动物开始研究，把一只白鼠放在一个箱子里，让它学会按压控制杆，从而得到一粒食物。如果让白鼠自己做选择，它们会不停地按控制杆；如果每按一次都能够获得食物，它们直到吃饱了才会停下来。斯金纳又得出了一个重要的发现：如果白鼠按下控制杆时，只能随机地得到一粒食物，这就会把白鼠逼疯，它们会不停地按控制杆。它们停不下来，也永远吃不够。每一次对控制杆的按压，都充满着白鼠的期待，它们总希望这一次能得到一粒食物。

你的网络世界也用到了这一科学原理。你拿起自己的手机——哦，一条信息，太好了！你的社交需求得到了满足，获得了一些快感，少量的化学物质（多巴胺）被发送到大脑的快乐中枢。这就像巧克力等上瘾物质带来的冲击一样。当然，你想要那种自我感觉良好的时刻，因为它是随机的，所以你会一遍又一遍地查看手机，永远不知道什么时候能得到快感。不久，你就会发现自己一直在查看手机。没有消息时，你查看它的欲望会增加。没错，欲望在增加。最后，你发现自己从醒来到睡着一直在看手机。你甚至可能会把手机放在枕头底下睡觉，夜里也会查看它。这时你才知道自己就像一只白鼠。

也许手机并不能引起你的兴趣，也许游戏才能。这同样属于行为上瘾。你有没有注意到自己迫不及待地要回家玩游戏？或者当你的父母说你不能玩游戏的时候，你可能会感到烦躁不安。你在餐桌旁坐立不安，直到你再次玩上游戏。也许你的思绪一次又一次地回到游戏里，想着你的得分是不是最高，有没有其他人夺走了你的桂冠。你是否发现这种心神不宁的感觉只有在你重新登录游戏页面时才会消失？那就是你上瘾的迹象。

这里有一个快速测试来帮助你探索虚拟的网络生活是不是正在取代你的现实生活。

◳ 测试：你的网络生活是否正在取代你的现实生活 ◳

在与你情况相符的句子旁边打钩。

○	我无法停下来。当我使用电子设备时，我浪费了很多时间。
○	我越来越想使用我的设备，尽管它干扰了我的生活（例如睡眠、亲友关系）。
○	别人告诉我，我需要停止频繁上网。
○	我上网是为了回避消极情绪或个人问题。
○	为了隐瞒我在连网设备上的花销，我对家人或其他人撒了谎。
○	由于上网，我失去了很多机会（关系、工作、成绩）。

如果你同意以上某个或多个说法，这就是一个信号，表明你的网络生活可能会喧宾夺主，接管你的现实生活。如果你已经准备好改变，就继续读下去。读下去的回报就是获得平衡，你可以同时拥有网络生活和现实生活。

» 找回属于你的时间

决定减少你的上网行为至少需要几周时间。就像上网行为是缓慢增长的一样，减少网络对自己的吸引也是一个缓慢的过程。

首先，让你的 DNA-V 技能来负责管理你对网络的使用。思考以下问题，并写下你的答案。

你希望减少哪些上网行为？

减少这种行为会给你带来什么好处（有更多的时间去做其他有趣的事情，少一些嫉妒，少一些疲劳，少一些自我批评）？

减少这种行为会让你失去什么（错过重要的事件，错过最新的八卦消息，会感到无聊）？

这段时间你会做什么有意义的事情？

当你写下这些答案时，你就迈出了用一些新的行动计划来支持自己的第一步。

回答这些问题以后，你可以把它们拍摄下来当作手机屏保。

这将帮助你记住为什么你要选择改变自己的上网行为。你会有很多收获，但我们往往一冲动就会忘记。

» 对你的上网习惯负起责任

如果你想改变自己的习惯，你需要知道是什么构成了习惯。每个习惯都由三样东西组成：提示、常规和结果。下图展示了一个"习惯循环"。在这个例子中，你看到手机放在桌子上。你正感到无聊，手机让你想到你的朋友可能正在上网。你不假思索地伸手拿起手机，直奔社交媒体。短期内，你感觉不那么无聊了。然而，长期下去，你会体验到学业落后带来的焦虑。

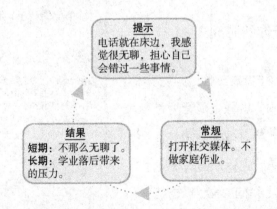

打破一个习惯需要你改变提示和常规。当你阅读以下步骤时，考虑你之前说过想要减少的上网行为。

步骤1：清除提示

引诱你上网的提示可以是任何东西。它们可能简单如电脑或手机里的图片、应用程序的提示信息、无聊的感觉，或者想要逃离生活压力的愿望。

想一想通常什么会提示你去上网，你产生上网的念头前发生了什么？它是不是一般都在一天的特定时间里发生？

去除提示的最简单的方法是改变环境，使提示的力量减弱。以下是一些建议：

√ 改变来自环境的提示，例如，把你的手机放在抽屉里而不是床头柜上。

√ 使用一些有效的应用程序来限制你的时间（很多应用程序可以帮助管理电子设备的屏幕使用时间）。

√ 删除那些确实让你上瘾或不开心的应用程序（或者

更改通知设置来减少通知，这样你就可以有意识地使用它们）。

你将怎样改变你的环境，使它更容易抵御诱惑？

_____

_____

_____

_____

_____

_____

步骤2：让你的建议者帮助你管理提示

你可以将提示与自己制定的上网规则配对。比如，你可以制定一个"使用社交媒体30分钟后必须停止"的规则，或者"在早餐前、放学后以及躺在床上准备睡觉时不使用社交媒体"。但是，为了让这个规则生效，你需要提醒自己去执行。你可以通过屏幕使用时间限制程序或屏幕保护程序里的通知来提醒自己。

你制定的上网新规则是什么？你将如何记住这个规则？

_____

_____

_____

_____

_____

步骤3：削弱提示的力量

有时你会有一种想要上网的冲动。电子产品无处不在，但你可以学会用选择应对这种冲动。方法如下：

转换到"观察者空间"，成为一个观察者而不是一个反应者。从觉察上网的冲动开始。你上网的冲动是什么？大声说出来："我有刷××软件的冲动。"不要顺应冲动而沉迷于网络活动。相反，用你的观察者技能做

几次缓慢的深呼吸。只是留意这种冲动，而非试图控制它或采取行动。觉察建议者的想法，比如，"我会错过新动态的""我现在必须玩一会"，或者"我需要增加我的粉丝"。只是慢慢地呼吸，保持觉察。

既然你留意到了这种冲动，你就要做出选择。我们称之为意愿选择。你是愿意还是不愿意做出改变？（注意，这里没有错误的答案！）

除了上网，你还想做点其他事吗？问问自己，你是否愿意即使有上网冲动，也不对它做出反应，以便从网络活动中脱身，去做一些自己重视的事情？

如果你的回答是肯定的，那就欣然接受你的冲动。不要对它做出反应。直接进入步骤4，建立新的习惯。

如果不是，而且你想屈服于冲动，那也没关系。你可以上

网。去做对你有用的事。这个练习可以帮助你觉察，考虑，然后做出选择。

步骤4：建立新常规

如果断开网络，你会用什么活动来代替？例如，我们知道你需要网络生活的一个原因是它可以帮助你与外界进行联结。如果这就是你上网成瘾的原因，那么你最好用一种能帮助自己满足这一需求的行为来取代这种习惯。回答下面这些问题可以帮助你建立新常规：

　　✓ 网络生活给了你什么？如果是社会关系，你怎样才能获取它呢？去和你的朋友谈一谈，他们的感觉可

能和你一样。也许你可以使用视频通话，而不是在社交媒体上浏览，或者你可以换一种方式与人交流。

_____

_____

_____

　　✓ 利用观察者来觉察你的网络生活通常在什么时候会干扰到现实生活中的人际关系（例如，你盯着手机而非注视家人朋友）。在下面写一些实例。

_____

_____

_____

_____

　　✓ 有什么东西比网络活动更值得你重视吗？它可以是一项线下活动，也可以是

另一项能为你的生活增进价值的在线活动。

_____

_____

_____

√ 有没有什么事情是你过去经常做但现在不再做的？也许是时候重温这些活动了。

_____

_____

_____

_____

√ 利用你的探索者来选择和追踪你的变化。你很可能会希望不断地改变，直到你在网络和现实生活中找到平衡。你将会追踪哪些变化呢？

_____

_____

_____

_____

_____

_____

你的人生，你做主

随心前行

你的网络生活是重要的，无论是在社交媒体上跟别人聊天还是玩游戏。然而，其他事情也很重要：活动身体、关注当下、挑战自己以及与他人面对面交流。通过考虑什么对你来说是重要的来选择你将如何过你的网络生活。

拥抱变化

我们需要灵活地在网络和现实世界之间游移。如果你深陷其中任何一个世界，你都可能会失去一些有价值的东西。例如，拒绝使用互联网的人（通常是老年人）会错过与他人联结和学习的机会。相比之下，那些沉迷于网络生活并且似乎无法自拔的人，会错过鲜活的人际关系以及学习和工作方面的机会。我们需要学会熟练地在虚拟世界和现实世界之间切换。

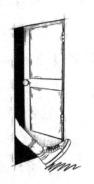

提升灵活力

在接下来的一周，当你想对自己的网络生活进行一些改变时，练习使用你的 DNA-V 技能。

探索者：这里有三个你可以尝试的探索者活动。

1. 改变促使你上网的各种提示，看看会发生什么。例如："我把手机放在抽屉里，所以我必须走到房间另一头去拿它。"

2. 创建一个新的提示。例如，保存你在"找回属于你的时间"那个练习里写下的答案截图，记住你为什么选择改变自己的上网行为。或者在便利贴上写一些鼓励的话，然后把它贴在你经常能够看到的地方。

3. 提醒自己你的新常规。练习使用你的探索者技能来尝试新事物，并测试它们是如何工作的。记住，如果目前的活动不适合你，你始终可以尝试一些新的事物。

观察者：练习觉察和考虑。当你打开电子设备时，暂停一会儿并考虑这是否是你现在真的想要做的。觉知。考虑。选择。

建议者：提醒自己，网上的生活总是阳光灿烂，但现实生活好坏参半并且美丑不一。小心你的建议者把你的生活和别人虚构的网上生活进行比较。

　　自我视角：如果你发现自己被网络上的某些东西迷住了，那并不意味着你有什么问题。你不是瘾君子，也没有崩溃。作为人类的一员，网络世界的设计就是为了引你上钩。我们都被钩住了，而我们也都可以把钩子解开。

　　社会视角：社会交往就如同人类的食物。我们都需要它，但它们有些是健康的，有些属于垃圾食品。留意网络世界的哪些方面能够让你建立真正的社会联结，能够创造活力；哪些方面就如同垃圾食品，会让人上瘾，但从长远来看会让你感到疲惫和毫无生气（比如花一个小时浏览自拍照）。看看你是否可以通过更多的网络活动来建立真正的人际关系（与人分享、鼓励他人以及关注所爱之人的生活）。

第 11 章 ....

爱自己
真实的
模样

建立真正的自信

长大并成为真正的自己是需要勇气的。

—— E. E. 卡明斯（E. E. Cummings）

你为什么会读这一章

√ 你经常会因为感到不安全而不
　敢去做你想做的事情。

√ 你不愿意冒险是因为没有安全感。

√ 你的建议者会用自我批评的方
　式来打击你。

√ 你会等到信心十足时才去尝试
　自己喜欢的东西。

你将学到什么

√ 培养自信的四个步骤。

√ 如何从批评中重新振作起来。

√ 如何在自责时继续做对你来说
　重要的事情。

√ 如何增强你的内在力量。

√ 如何对自己有信心。

　　本书的核心主题是变化——我们的生命中唯一不变的东西。万事
万物都是变化的，变是常态，不变才是瞬间。信心也是如此，你无法
总是保持自信。你不会永远都对自己或自己的能力感到满意。有时候
你会遭遇失败，被生活打击，你的自信也会减弱。

缺乏自信并不总会成为问题。有时它会告诉你一些有用的东西。打个比方，假如你没有足够的自信游过一条河，也许你确实不应该冒着生命危险下水（或者至少应该保证那里有人可以在你游不动的时候救你一命）。如果你因为没有复习而对考试缺乏自信，也许你就应该去复习。

自信只有在处于低谷不再上升时，才会成为问题。那时自信就像一个失灵的温度计，无论温度怎样变化，它始终处在一个特定的水平一动不动。实际上，如果你陷入了自信的低谷，你将无法看到任何机会。那样你就不会去尝试结识新朋友、寻找真爱或追求成功。你就是不愿去尝试。

与此相反，如果你发现自己滞留在自信的山巅，你也许会变得自恋。自恋者对自己的本领和重要性看得太高。他们经常会没完没了地谈论自己，以为每个人都在仰慕他们。他们通过攻击他人来保持自己的高度自信。所以，你不需要一直保持高度自信，因为你不希望变得自恋。

你想要的自信并不会长久不变地处于高位或低位。相反，它是浮动变化着的，就像大海里的浮标。当大海波涛汹涌时，浮标有时会沉入水下，但它总会反弹回水面。浮标几乎是不会沉没的。这就是你可以培养的自信，它会浮动变化但不会沉没。

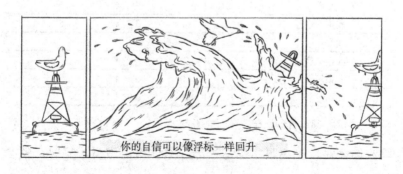

你的自信可以像浮标一样回升

在本章中，你将学习培养自信的四个步骤。第一个步骤与我们如何应对汹涌的大海（也就是批评）有关。

» 步骤 1：别被批评淹没

要培养自信，你首先需要了解批评。批评似乎是自信的敌人，但事实并非如此。批评是由词语组成的。它会引发痛苦的情绪，但无论如何批评只是词语而已，它并不能控制你。现在让我们来对批评多做一些了解，看看你是如何应对批评的。

✒ 观察者：注意批判性词语是怎样影响你的身体的 ✒

当你阅读以下这些无益的建议者的陈述时，留意一下你身体里的感受。即使不相信某个陈述，你也可能会对它有一些情绪反应。你的任务是对你所感受到的情绪强度进行评估。

当我对自己说这句话时	我感受到的情绪强度		
	完全没有情绪	有一些情绪	极度强烈的情绪
我很笨	1 2	3 4	5
我很古怪	1 2	3 4	5
我很丑	1 2	3 4	5
我很胖	1 2	3 4	5
我不受欢迎	1 2	3 4	5
我很坏	1 2	3 4	5
我很失望	1 2	3 4	5
我很脆弱	1 2	3 4	5
我不够好	1 2	3 4	5

上面的哪句话引起了你的情绪反应？人们会对你说这些话吗？你会对自己说吗？也许当你在某件事上做得不好时，就会

在脑海中听到这些话。这些语句甚至读起来都让人痛苦，不是吗？批评就像一把伤人不见血的刀。

◢ 建议者：为批评制定新规则 ◢

现在让我们做一个自我视角的实验来向你展示怎样改变自我批评。找一张纸，把你最具批判性的想法写在上面。比如"我不够好"。写完后，看着纸上的这个想法。注意，你的想法由你自己掌控，想法是掌控不了你的。你可以决定听或不听建议者所说的话，就像你可以听取或忽略你给自己的许多建议一样。想法只不过是想法，它并不能左右你，你才是自己人生航船的掌舵者。

让我们用你在那张纸上写下的想法来做一点奇妙的事情——把你的想法装饰一下。你可以为所欲为，给想法涂上颜色，用卡通画把想法画出来，把你的建议者对你大喊大叫的样子画下来，怎样画都可以。如果你有彩笔之类的美术用品，你可以使用它们，让你的作品更加奇妙。

我们想让你做的一件事就是暂时不要轻易下结论。当你对你的想法进行装饰时，允许自己看看它发生了什么变化。想法是否失去了一些力量？不管发生什么都是正常的。**我们这样做只是在观察想法，而不是对想法做出反应。**

» 步骤 2：坚持做你认为重要的事情

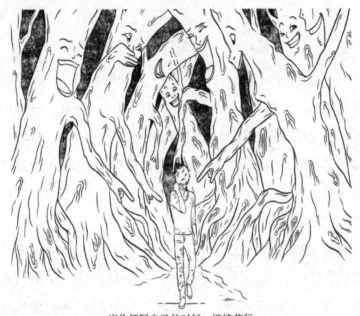

当你怀疑自己的时候，继续前行

你可以把批评想象成一个区域，一个你可以穿行的区域。当你发现自己身处批评区时，有两种应对方式可以使用。你可以停止前进，待在那里。当你不断地用言语攻击自己时，就会出现这种情况。当你和经常批评你的人在一起时，这种情况也会发生（你可能需要阅读有关欺凌的第 7 章来帮助自己解决这个问题）。

如果你不想卡在那里，你可以继续向前迈进。如果你一直坚持做你在乎的事情，你终究会走出批评区。别再跟挑剔的人待在一起了，你不应该每天都挨批评。或者，即使你有过一些失败的经历，你依然可以继续前进并做你在乎的事情。"失败"只是你头脑中的一个想法，是你身体的一种感受，如果你继续前进，这种感受就会消失。有时候，你必须弄假才能成真，所以即使你觉得自己做不到，也要继续前进。

虽然自我批评的区域给人的感觉挺真实，像是一座监狱，但实际上你的建议者在这里对你说着不入耳的话语。那些批判的想法只是声音而已，它们并不能控制你的行为。下面的练习将会帮助你了解这一点。

自我视角：批评无法定义你，你是你自己

走出批评区的关键是要认识到批评并不能定义你这个人，它只是你有时要经过的一个空间。你不必害怕它。现在让我们进入批评区吧。默念下面的句子，每次用不同的内容做结尾。

我不擅长……

你在脑海中每完成一个句子时，就在下面的空白处标一个叉。不用把句子写下来，只要在完成默念"我不擅长……"这句话的时候用叉标记一下就可以了。我们用1分钟时间来做这个练习（现在设置一个计时器）。准备好了吗？开始！（在脑海中完成"我不擅长……"这句话，标记一个叉，然后做下一个。）

现在进入"观察者空间"。你对自己做出一个批评，就在上面画一个叉。你看到了那些想法，注意到了那些叉。但你不是那一个个叉，你只是正坐在椅子上的你自己。

你看到叉和叉之间的空隙了吗？你也在那里，在词语之间的空隙里。你永远都是你自己。批评并不能定义你。你作为一个大活人，岂是词语所能定义的。

» 步骤 3：认清自己独特的优势和能力

我们经常觉得我们应该跟现在的自己有所不同。高个子的人希望自己矮一些，不那么引人注目；矮个子的人则希望自己再高一些。短跑运动员希望自己有更多的耐力；耐力型运动员希望他们可以短跑。年长者想变得年轻，年轻人则想变得老练。

让我（本书第一作者约瑟夫）来讲一讲我曾经试图成为其他人的故事吧。以前我一直都想跑得飞快。我还记得我发现自己速度慢的那一天。当时我和橄榄球队的队员们一字排开，等待比赛开始。发令枪一响，我就跑出去了。我用余光扫视，发现领先的人是自己。在离开己方端区 10 米线之前，我处于领先位置！紧接着，发生了一件事。我旁边的人好像一个个都挂了二挡，开始加速赶超我。到了 50 米线的中场区时，很多人都把我甩在了后面，我当时简直要崩溃了。

速度慢导致我在许多运动项目中都遭受挫败，比如足球和橄榄球。我的腿部力量非常大，这让我起跑很快，但无法让我在跑出 50 米后继续领先。你需要在 50 米内保持速度才能在足球和橄榄球方面创造佳绩。我总在期待自己能变成另一个人，速度更快的人。

但我也一直在使用自己的探索者技能，并尝试不同的运动。最终，我发现了自己擅长的项目——武术格斗。这种形式的格斗既轻又快（与互殴不同）。它需要人在很短的距离内加速，大约一个拳击台的长度。当我开始练习格斗时，我意识到，在这种特定的环境下，我的速度可以很快。注意，我可不是世界上最擅长格斗的人，但这项运动比其他任何运动都更适合我的体型。我终于找到了一个能够发挥自己独特优势和技能的领域。

对你来说也一样。你拥有一套独特的技术、优势和能力，它们总有用武之地。你也许不知道自己将在何时何地一展身手。你也许不知道你现在的强项是什么，或者它们会成就什么。记住，你的潜力不可估量。关键是要忠于你自己，以新的方式去使用你的"探索者"技能——试验，尝试，失败，再试验。这样做，你的强项就会逐渐发展起来；这样做，你就会在生活中找到自己独一无二的位置。

▪ 探索者：发现你的独特性 ▪

通读下面的列表。划出 5 个你最擅长的方面，如果这里没有列出你的强项，就在下面的空白处写上。

绘画	数学	坚持自己的主张
摄影	写故事	接受新事物
团队合作	运动	组织事务
编程	写随笔	照顾动物

理解自己的感受	负责	领导
照顾他人	在压力下保持冷静	跑步
创作视频	克服挫折	举重
烹制美食	勇敢	心怀希望
帮助他人	理解复杂的问题	机动车维修
修理物品	多项目管理	歌唱
在户外工作	深思熟虑	做手工
精通科学	有幽默感	与他人合作
销售	运筹帷幄	技术性工作
创业	执行力强、不拖延	利用社交媒体完成
奉献	信守承诺	一些事情（交朋友、
用艺术表达自己	权衡利弊	学习）
系统思考	鼓舞他人	_____
锻炼身体	拥有智慧	
照顾孩子	谨慎选择	_____
完成目标	严谨自律	
创新	适应任何社交场合	_____
建构东西	有信仰	
与人交谈	有创造力	_____
娱乐他人	户外探险	
影响他人	理解他人的感受	_____
学习新事物	坚持不懈	
演奏音乐	探索新思路	_____

你找出的五个方面就是你的五大强项。即使你不觉得自己比别人强，它们依然是属于你的强项。另一个人也拥有和你一模一样的五个强项的概率可能不到十万分之一，在某些情况下甚至不到百万分之一。你特有的强项组合打造了独一无二的你。

现在我们来做一些探索。你将如何利用你的这些强项？你可以发挥想象，畅所欲言——这并不意味着你必须做到。例如，你可能会做什么类型的工作？你可能会尝试什么爱好？你对什么教育领域最感兴趣？了解自己的强项会如何改变你的自我感觉？

现在再来看一遍你的强项。你想要发展哪些强项？用叉进行标记。你可以加强这些强项中的任意一个。

想象一下，世界上每个人的优点和缺点都一模一样。如果真是那样，我们的世界是不是就成了足球运动员的王国，或是会计师的天下？那将是一场灾难，不是吗？这个世界需要人们各有所长，比如会计、踢球、建筑、编程、跳舞、写作、计算、修理以及照顾他人。这个世界需要你成为独一无二的自己。

» 步骤4：自信地接纳自己

"相信自己"和"对自己有信心"有什么区别？

相信自己需要证据。相信自己意味着你让你那爱挑剔的建议者相信你已足够好了。这很难做到，因为有时你的建议者会做它已经学会做的事情，比如自我批评。更重要的是，你的建议者没有删除键，所以如果你有过一段痛苦的回忆，你是无法将它从头脑中完全抹去的，你必须学会与它共处。

对自己有信心不需要证据。对自己有信心意味着预先假设你已经足够好了，即使你并没有总是这样觉得。信心是关键。就算你的建议者对你说"你没有机会"或"你做不到更好"，你依然可以对自己保持信心。有信心意味着哪怕心存怀疑，也无论如何都要去做。所以，你应该这样设立新的建议者规则：**"我可以保留怀疑，但仍然要朝着心之所向放手一搏。"**

你的人生，你做主

▪ 随心前行

要认识到自己是独一无二的，你
不需要改变。这个世界需要你独特的
强项组合。练习对自己有信心。举个
例子，当你的建议者说你不行时，你
依然相信自己一定行，并大胆地行你
所行。这是一种信念。

▪ 拥抱变化

谁也无法永远让自己处于高自信或低自信
的状态。就像所有的事物一样，自信也处于变
化之中。自信如同海中的浮标，有时会在风暴
中下沉，但总还是会重返水面且永不沉没。为
了培养永不沉没的自信，你可以使用DNA-V
技能进行练习。别忘了，你可以发展一些你的
新强项。你一直在变化着，朝着你想成为的那
个自己做出改变吧！

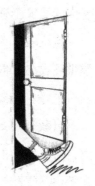

▪ 提升灵活力

在接下来的一周，当你开始怀疑自己时，练习使用你的DNA-V技能：

探索者：你怎样才能出类拔萃呢？去做一些新的尝试吧！自信源自行动，而不是思考。

观察者：当你怀疑自己时，请保持觉察。当你感到不安全时，会有什么感受？它们在你身体的哪些部位？这些"不安全的感觉"只在你没有注意到它们时、在它们隐藏于黑暗之中时才会显出威力。你要有勇气。敢于承认你的不安全感。把这些不安全的感觉带到光明中去，它们一旦见光就会失去力量。拥抱你的不安全感是一种自信的表现！

建议者：当你没有安全感的时候，你会有哪些想法？当自我批评发生的时候，要学会识别。你可以试着利用批评让自己变得更好。当批评不能帮助你越来越好时，就让它一边去吧。

自我视角：当你发现你对自己非常苛刻时，就进入自我视角，对头脑中的批评想法进行解离。想象一下，批评正被你握在手中。提醒自己：批评只是一个想法，我比它重要多了，我不必跟它较劲。

社会视角：当一些人感到不安全时，他们会试图通过贬低他人来抬高自己（见第 7 章有关欺凌的部分）。对此甚至还有一个模因："心存怨恨者恒恨人。"你不必相信每一个来自他人的批评。要知道，人们批评或憎恨的理由都与你无关。用社会视角来理解别人为什么批评你。他们是不是想要帮你？还是他们只是想让自己感觉更好一点？

带着你的怀疑去探寻答案吧。

第 12 章 ·······················

追求卓越，青春无悔

> 我想知道，跨栏运动员是否真的想过，"如果把跨栏弄走，我们会跑得更快"。
>
> ——约翰·格林，《无比美妙的痛苦》

你为什么会读这一章

√ 你想在某些方面出类拔萃。

√ 你担心自己想要实现的目标太难了，或者自己没有足够的天赋。

√ 你不知道该如何变得更好。

√ 你马不停蹄地拼搏着，感到的不是状态良好而是筋疲力尽。

你将学到什么

√ 与价值联结是怎样为你助力的。

√ 如何看待有益的压力并了解无益的压力。

√ "压力 – 休息"周期是怎样循环往复的。

√ 阻碍你前进的四大障碍。

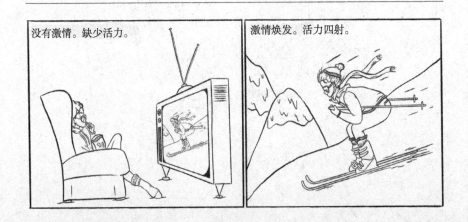

没有激情。缺少活力。

激情焕发。活力四射。

» 你的价值指向你的激情

现在是我的自白时间（我是约瑟夫，本书的第一作者）。我曾经讨厌学校，我不想学习也不愿做作业。其他的小孩欺负我，老师们大多不喜欢我，我的父母也不支持我，我看不到任何学习的理由。所以，我的英语课不及格，我无法高中毕业。

我发现自己已经 18 岁了，却没有什么技能，也没有高中文凭。我孤立无援。我应该到哪里去？我能找到什么样的工作？如果得不到高中文凭，我可就完蛋了。当时，我以为我的人生无路可走了。

就在那时，我意识到自己需要学习，不是因为别人让我学习，而是因为学习可以帮我找到一份有意义的工作。我第一次对自己的学业掌握了主动权。我去了暑期学校，重修了英语课程。再后来，我进入了唯一一所愿意招收我的大学，美国最差的大学之一。我开始学习并在我的人生中第一次取得了优异的成绩。对一个高中小混混来说，这还真不错。

是什么发生了改变？

上高中时，我去学校上学是为了免遭家长和老师们的惩罚。我是在逃避外界的压力。当我意识到自己最在乎的是什么时，我的心态发生了转变。我说："我想接受教育。我需要它来过上更好的生活。"之后，我开始奔跑，奔向更美好的未来。

你能看出区别吗？当你逃离糟糕的事物时是什么感受？这与你追求美好的事物相比有什么不同呢？

所以，本章的第一个要点是：找到你的激情，找到能带给你活力和目标的活动，然后全心投入、孜孜以求。要做到这一点，就要联结你的价值。

⚐ 联结你的价值 ⚐

思考并回答这两个问题：

你将如何追求卓越？　　　　　　为什么追求卓越对你来说很
　　　　　　　　　　　　　　　　重要？

_____　　　_____

_____　　　_____

_____　　　_____

_____　　　_____

_____　　　_____

_____　　　_____

_____　　　_____

对于这两个问题，如果你能找到自己的答案，你就可以找到你的激情。然后，你会有足够的精力和专注力去追求卓越。

》应对压力

我（约瑟夫）还没有告诉你前面的自白故事的下半段，那就是去大学上课对我来说依旧很难。从坏变好并不像按一下开关按钮那么简单。那时候的我不得不努力学习，也经历了很多挫折与失败。我想成为一名作家。（嘿，我现在就在写作！）我选择了合适的课程开始学习，在年底参加了一门重要的考试。结果我没考及格。我想成为一名作家，却在一次写作考试中不及格！还记得吗，我在高中最后一年英语也考过不及格。我开始怀疑自己：也许我不够聪明，成为不了一名作家。

学习给我带来的压力很大。我不得不刻苦努力，经常会感到困惑和迷茫。我必须接受老师们的负面反馈，不断从错误中吸取教训。尽管疑虑丛生，尽管压力重重，但我仍然坚持不懈。我花了十年时间才拿到本科学位和博士学位。十年！在那期间，我经历了很多挫折和失败，但我从未放弃过。这就引出了本章的第二个要点：**没有压力就没有成功**。

◢ 注意表现压力 ◣

当你强迫自己离开舒适区时，你有什么感受？你感到压力了吗？你有没有感到精力集中？还是觉得心情沉重、焦虑、紧张，或许这些感受同时存在？觉察一下，你的身体有什么感受？写下你对感受的描述。

_____

_____

_____

_____

_____

当你把自己赶出舒适区时，产生强烈的感受是正常的。这种感受让你知道你还活着，你还心有挂怀。活着比什么都重要，不是吗？

但压力是不好的，对吗？

很多人会教导你应该避免压力。他们甚至说，你可以过"没有压力"的生活。那么，为什么你还在经受着压力呢？你到底怎么了？

这其实没什么。有压力是正常的。社会经常向我们传递错误的信息。没有压力的生活是不可能存在的。想象你是一名运动员，即将参加一场本年度最大的赛事。你想赢。每个人都在观望着你。你认为你能阻止自己感受压力吗？这是不可能的。如果你正在参加一场关系到你前途命运的大考，你会怎样？你能想象自己感受不到压力吗？

要想在某些方面变得优秀，你必须冒着犯错、失败、窘迫、受伤以及受挫的风险。别无他路可走。

所以，如果有人试图说服你，让你相信自己可以过上没有压力的生活，那你就像看着假药贩子那样看着他们吧。压力不是你能够关掉的开关。到底是谁在过着没有压力的生活？没有压力的人是死人。

然而，并不是所有的压力都是好的。来自对自己的打击和不切实际的期望的压力是无益的。

有益的压力能帮助你取得卓越成就。当你通过困难但又不至于将你压倒的事情来挑战自己时，就会产生有益的压力。打个比方，如果你正在学习演奏一首新曲子，你可以选择一些对你来说有难度的音乐，而不是那些难度极高以至于无从下手的音乐。如果你想跑马拉松，但是身体状况不佳，你不会在训练的第一天就跑40公里。你只会跑一段距离，这段距离的训练会让你的身体更强健，但不会伤害你。

▪ 发现有益的压力 ▪

什么活动可以帮助你实现卓越？你该如何走出自己的舒适区，把事情做得更好？（例如，你可以参与竞争、在他人面前表现自己，或者做任何能激励你走出舒适区勇创佳绩的事情。）在下面的空白处列出你可以采取的行动。

_____

_____

_____

压力和休息

很明显，如果想达到最佳表现，你是需要一些压力的。但仅有压力还是不够。还有一个因素对成功至关重要。你能猜出它是什么吗？

休息。

如果不能从压力中恢复过来，你就很难取得进步。增肌期间，你需要让自己的肌肉定期休息一下（通常是一整天）。如果你在做一些耗费脑力的事情，你需要有规律地休息（通常大约 10 分钟时间）。你需要放松，放下手头的事情，养精蓄锐。如果你不这样做，你的表现水平将会下降。

下图显示了达到最佳表现需要经历的典型周期。如果你用力过猛，就会把自己暴露在不适、失误、疲惫、肌肉酸痛、失败、自我怀疑以及其他想都想不到的烦心事之中。

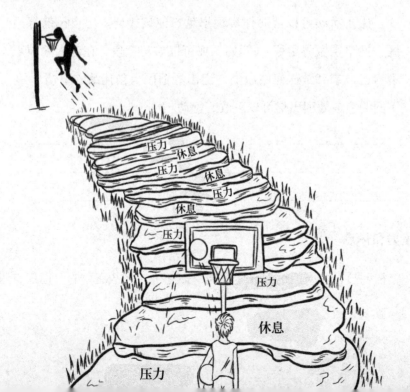

如果你已经将自己置身于压力之下，就需要让自己的身体和心灵都恢复活力。休息不是浪费时间。它是通往卓越之路的基石。所以，你不必为休息而感到愧疚。它对你是有好处的，也是你充分发挥潜力所需要的。

◂ 发现有益的休息方式 ▸

在这个练习中，你将对"压力 – 休息"周期以及如何确定有意义的休息形式有更多的了解。写出下列问题的答案。

1. 确定你的不适区。 不适区可以是学习、训练、运动、演奏乐器，等等。关键的一点是，你所做的事情会给你的身心带来压力。

_____

_____

2. 尝试不同的"压力 – 休息"间隔时间。 看看什么样的"压力 – 休息"间隔时间对你有效。比如说，假设你正在学习，你可以试着学习 25 分钟，休息 5 分钟或 10 分钟。或者你可以花更长的时间，比如，学习 50 分钟，休息 10 分钟。你想尝试哪种新的"压力 – 休息"间隔时间？

_____

_____

3. 尝试不同的休息方式。 怎样才能最好地停下来休息呢？也许是 20 分钟的小憩、读一本书、快步行走、做伸展运动、看在

线视频、听音乐、和朋友聊天、浏览社交媒体、泡个澡，或
者与大自然来个亲密接触。你想尝试什么类型的休息？

_____

_____

4. **注意接下来会发生什么**。评估哪种"压力－休息"周期最适
　合你。这取决于你在做什么（体力活动还是脑力活动）。哪种
　休息方式最能让你恢复活力？

_____

_____

» 通往卓越的四大障碍

现在你已经学会了通往卓越的基本方法——良好的压力＋休息。
让我们来预测一些可能会阻碍你出类拔萃的事情。

障碍 1：体力透支

缺乏休息的压力会使你的表现越来越差。如果你过度压迫自己
的肌肉，就会变得虚弱。如果你给大脑施加了太多压力，就会感到疲
惫、困惑甚至无法学习。体力透支还会扼杀你的动力。

当你劳累过度时，会有下列感受吗？

筋疲力尽

压力重重

止步不前

不知所措

疲惫不堪

感到紧张和易怒

让你的身体成为一个预警系统。留意自己手足无措时的感受，观察这些感受在你的身体里升起，然后采取行动使之减少。让自己得到更多的休息。如果可以的话，重新设定你的目标（专注于你在乎并有精力去做的事情）。

障碍2：努力的方向不对

每个人都知道几分耕耘几分收获。倘若一天到晚无所事事、仰躺观云，你是不可能越来越好的（除非你是在休息阶段）。然而，光做练习也是不够的。打个比方，你的父母可能已经练习驾驶很多年了，可你认为他们能把赛车开好吗？或许不能吧。日常工作不会让你变得优秀。

改进的关键是"刻意练习"。刻意练习包括对实现一个具体目标的高度关注。让我们快速浏览一下不同领域的卓越者，看看刻意练习是什么样子。

√尼克·兰姆（Nic Lamb）是一位著名的冲浪运动员。他说他在训练期间会尝试在自己感到害怕的海浪上冲浪，以此挑战自己去进行练习。

√与那些原本有机会自己尝试解决难题却得到了老师帮助的学生相比，自己迎难而上的学生反而成绩更好。

√普通的小提琴手与伟大的小提琴手投入练习的时间是一样的，但是后者会花更多的时间专注于特定的目标。

√业余歌手与专业歌手练习演唱的方式不同。业余歌手唱歌时，他们会越来越放松，感觉良好。而专业歌手唱歌时，他们会更加专注、精神饱满——尽管他们没有感觉更好受。

我们可以理解为什么取得卓越成就的人那么少。出类拔萃谈何容易。你会感到疲惫、压力和挫败。乐趣并不是时时伴你左右，但如果你能让自己走出舒适区，并定期进行刻意练习，你就会实现卓越。

障碍 3：拖延症

社会经常向你传递这样的信息：你应该避免压力。我们则认为，要想成为优秀的自己，你需要拥抱压力。这是两个互不相容的观点。它们不能共存。当"避免压力"的社会信息占上风时，我们会拖延——我们会推迟自己的卓越之旅。举重运动员逃避压力最大的腿部训练。习武之人会经常避免训练他们身体的非优势侧（左侧或右侧），因为他们不擅长用那一侧进行攻击。钢琴演奏者推迟练习高难度的曲子。足球运动员推迟那些令人痛苦的短跑。学生推迟学习。

拖延是避免压力的一种方式。但它有效吗？当你推迟做某事时，短期内你可能感觉不错。也许你会看你最喜欢的节目、玩电子游戏或在社交媒体上互动，以此来拖延时间，因为那让你感觉良好。但被推迟的任务终究会回到你的身边。家庭作业还没交。短跑仍需进行。然后你会感到更大的压力，因为你落后了。相反，如果你选择从一个小的、可操控的事情开始做起呢？

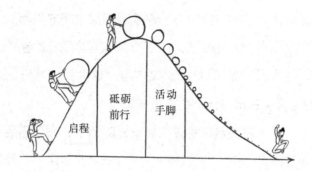

为了使拖延最小化，你可以试试以下方法：

1. 千里之行，始于足下。你在出发时可以选择迈出一小步。如果说"成为一名首席应用程序开发员"是很大的一步，那么"每天花10 分钟研究应用程序设计"就是一小步。

2. 选择一个时间练习。要明确且具体。把它和日常生活联系起来。例如"我会在晚饭后花 10 分钟研究应用程序设计"。

3. 设定一个目标，连续三天坚持去做。对自己的行动给予赞赏和鼓励。

三天之后再决定你是想设定另外一个目标，还是根据需要对原有目标做一些调整或改变。

你能连续三天做一件困难的事情吗？大多数人之所以拖延，是因为他们设定的目标远远超出了自己的能力范围，以至于感到力不从心、不堪重负。任何事情都要从有意义的小步骤开始。

障碍 4：倾听你那挑剔的建议者

最后，我们来看看我们内心的障碍。每当想要学习新事物或走出自己的舒适区时，建议者都可能会让我们停下来。别忘了，你的建议者就像一台查找问题的机器，一台你永远无法关闭的机器。也许你的建议者会对你说，"这太难了，你哪有那么聪明"，或者"这要花很长的时间，你永远也做不到的"，又或者"这真让人难受，赶紧停止吧"。你的建议者在试图保护你免遭失败。

　　你不必非要让你的建议者说积极正面的话语，你只需要学会与它共处。当你迫使自己走出舒适区时，要清楚你的建议者会发现问题并预言你不会成功。每个人的建议者都是这个样子。下次当你走出自己的舒适区，而你的建议者又开始批评你时，你可以对它说："谢谢你，建议者，但是我能做到。我正走在通往卓越的路上。"

你的人生，你做主

▪ 随心前行

你为什么要奋斗？你只是为了取
悦别人而奋斗吗？要是那样，你就不
可能在困难的时候依然保持前进的动
力。你只是因为想要打败别人才去奋
斗吗？那样的话，你也许可以避免失

败，但讽刺的是，你未必会变得更好。与其把关注点放在取悦
他人或打败他人上，不如专注于你为什么喜欢挑战自己这个问
题。记住自我提升时的感觉。你感到快乐吗？满意吗？自豪
吗？记住你热爱优异表现的原因。让你的热爱成为自己在卓越
之旅上奋进的理由。

▪ 拥抱变化

不要期望在追求卓越的旅途中时刻都能受
到鼓舞。这段旅程不仅充满压力，而且路途遥
远、山重水复，难免无聊乏味。期待你的动机
水平发生改变。同一个动作，运动员会练习很
多年；同一段音乐，音乐家会练习数百次。即
使是专业的电子游戏玩家，有时也会厌倦游戏，

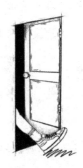

但他们中的佼佼者仍然坚持练习。要意识到，在追求卓越的道路上，你会有各种各样的情绪感受，有时动力十足，有时没有动力；你会感到兴奋、紧张、自信、没有安全感、受到鼓舞以及火冒三丈。拥抱所有这些变化，继续你的旅程。

▗ 提升灵活力

在接下来的一周，当你质疑追求卓越是否值得时，练习使用你的 DNA-V 技能：

价值：提醒自己，你重视卓越。"我想要在……方面做得更好。"

探索者：选择你的行动步骤。尝试让自己走出舒适区的新方法。尝试用新方法来休息和恢复。对自己说："为了变得更好，我要……"

观察者：留意你身体的感受。当你感到筋疲力尽或异常疲劳时有所觉察。你可能需要休息了。

建议者：用一些经验法则来规划你的卓越之旅：

1. 如果劳累过度，我就休息。

2. 如果必须做我不喜欢的工作，我就专注于刻意练习。

3. 如果我正在拖延，我就把问题分解成一个个小步骤，并设定时间来迈出第一步。

4. 如果我的建议者使我灰心丧气，我就进入探索者模式去做一些新的事情。我的建议者会从我新的行动中学有所获。

自我视角：你的建议者有时会对你能取得多少进步持悲观态度。别听信它的夸大之词！你的建议者往往是错误的。人们能够取得的进步远比他们想象的要大。研究表明，进行某些练习会对你的身体和大脑产生深刻的影响。例如，以一种新的方式进行练习可以增加大脑中白质（好东西）的数量。请记住，你不是一成不变的。谁能知道未来的你会变得有多么优秀（当然不是你的建议者）？

社会视角：当你追求卓越时，你通常是在与他人竞争。也许你想进入一支球队的首发阵容，或者在舞蹈或管弦乐队中担任首席。也许你想在某一门课上取得最高分，或者规划进入一家更好的企业。在你的"渴望成功将他人打败"和"想要联结并支持他人"这两个愿望之间，竞争会制造紧张气氛。我们对胜利的渴望常常压倒了我们对联结的渴望。用社会视角来提醒自己，身边的人在你的生活中有多么重要（见第6章）。当你追求卓越时，可以从以下两个方面双管齐下：

1. 试着把现在的你与从前的自己进行比较，而不是和其他人比较。这样会减少嫉妒。你有没有比六个月前的自己更好了？你学到了什么新东西？你有没有找到新的方法来享受你的挑战？

2. 用社会视角记住其他人在经历输赢时的不同感受。在竞争中，你的举止要端庄体面，帮助别人保持良好的自我感觉。当他人成功时，表示祝贺；当他人失败时，表示尊重与关怀。这样你就能在取得卓越成就的同时拥有良好的人际关系。

后记

这可能是本书的结尾，但它不是 DNA-V 旅程的结束。你的生活正在以令人兴奋和时有挑战的方式发生变化，但别忘了，每当面临挑战时，你都可以回到这本书里寻求支持。当然，你需要巧妙地应对变化。一名篮球运动员必须持续练习才能提高球技，你也一样。DNA-V 技能的练习是一项终身的任务。

你需要不断练习以下技能：

1. 建议者技能，也就是善于思考、不被无益的想法随意摆弄的能力。

2. 观察者技能，也就是能够停下来并觉察你的身体、感受以及周围发生事情的能力。

3. 探索者技能，也就是尝试新行为、发展新技能以及建立社会联系的能力。

4. 价值，也就是发现你在乎什么以及什么会给你的生活带来快乐、意义和目标的能力。

你还需要练习从不同的角度看问题：

5. 自我视角，也就是看到你的 DNA-V 各个部分处在不断变化和成长中的能力。你不是固定不变的。你可以成长为理想中的自己。

6. 社会视角，也就是你与他人联结、看待不同观点、建立社会联系的能力。

你练习的次数越多，你的 DNA-V 身手就越好，灵活力就越高，你就越能过上想要的生活。**你的人生，你做主！**

拨动 DNA-V 转盘，提高灵活力

这个 DNA-V 转盘将有助于你运用灵活力来应对挑战。当你考虑一个具有挑战性的情况时，回答这些问题：你的评价和想法是什么（建议者）？你在自己的身体里觉察到了什么情绪感受（观察者）？在这种情况下，你会做些什么（探索者）？在这种情况下，你想成为什么样的人（价值）？探索者、观察者和建议者的哪些方面会帮助你明确价值？

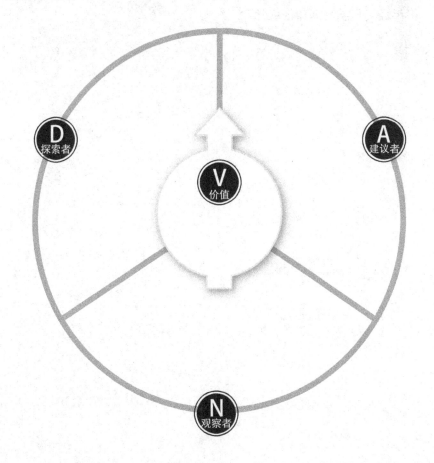

资　源

关于DNA-V模型的理论和实际应用，请参阅路易丝·L.海斯和约瑟夫·V.西阿若奇所著的《飞扬的青春》（*The Thriving Adolescent*）。也可阅读约瑟夫·V.西阿若奇、路易丝·L.海斯和安·贝利（Ann Bailey）所著的《跳出头脑，融入生活》（*Get Out of Your Mind and Into Your Life for Teens*）。

路易丝·L.海斯和约瑟夫·V.西阿若奇在世界各地为专业人员和年轻人开展培训和演讲活动。